医药高等职业教育创新示范教材

U0587687

生物制药技术

专业入门手册

主编　陶　杰
主审　李榆梅

中国医药科技出版社

内容提要

　　本书是天津生物工程职业技术学院组织编写的医药高等职业教育创新示范教材之一。作为一本写给生物技术制药专业新生的入门指南，分别对生物技术制药专业相关行业有关职业的岗位职责、就业前景、发展空间及所应具备的条件进行了详尽的描述和实际分析。同时以简洁的文字介绍了生物技术制药专业的知识技能体系框架，概括了生物技术制药专业的基本学习方法和路线，为学生将来的学习及职业道路指明了方向。

图书在版编目（CIP）数据

生物制药技术专业入门手册/陶杰主编 . —北京：中国医药科技出版社，2012.9
医药高等职业教育创新示范教材
ISBN 978 - 7 - 5067 - 5602 - 0

Ⅰ. ①生… Ⅱ. ①陶… Ⅲ. ①生物制品 - 生产工艺 - 高等职业教育 - 教材 Ⅳ. ①TQ464

中国版本图书馆 CIP 数据核字（2012）第 192284 号

美术编辑　陈君杞
版式设计　郭小平

出版　中国医药科技出版社
地址　北京市海淀区文慧园北路甲 22 号
邮编　100082
电话　发行：010 - 62227427　邮购：010 - 62236938
网址　www. cmstp. com
规格　710 × 1020mm$^1/_{16}$
印张　9½
字数　121 千字
版次　2012 年 9 月第 1 版
印次　2014 年 10 月第 2 次印刷
印刷　北京印刷一厂
经销　全国各地新华书店
书号　ISBN 978 - 7 - 5067 - 5602 - 0
定价　**25. 00 元**

丛书编委会

刘晓松（天津生物工程职业技术学院　院长）

麻树文（天津生物工程职业技术学院　党委书记）

李榆梅（天津生物工程职业技术学院　副院长）

黄宇平（天津生物工程职业技术学院　教务处处长）

齐铁栓（天津市医药集团有限公司　人力资源部部长）

闫凤英（天津华立达生物工程有限公司　总经理）

闵　丽（天津瑞澄大药房连锁有限公司　总经理）

王蜀津（天津中新药业集团股份有限公司隆顺榕制药厂
　　　　人力资源部副部长）

本书编委会

主　编　陶　杰

主　审　李榆梅（天津生物工程职业技术学院）

编　者　陶　杰（天津生物工程职业技术学院）

　　　　张　媛（天津生物工程职业技术学院）

　　　　韩　璐（天津生物工程职业技术学院）

　　　　张可君（天津生物工程职业技术学院）

　　　　王　尧（天津生物工程职业技术学院）

　　　　孙越鹏（天津生物工程职业技术学院）

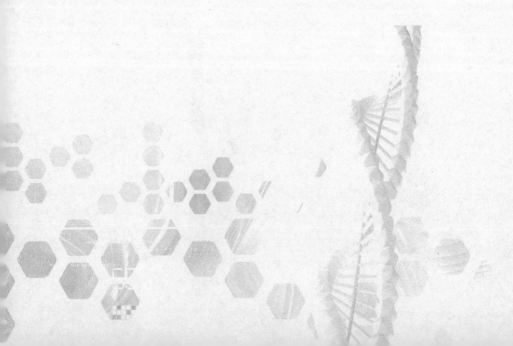

编写说明

为使学生入学后即能了解所学专业，热爱所学专业，在新生入学后进行专业入门教育十分必要。多年的教学实践证明，职业院校更需要强化对学生的职业素养教育，使学生熟悉医药行业基本要求，具备专业基本素质，毕业后即与就业岗位零距离对接，成为合格的医药行业准职业人。为此我们组织编写了"医药高等职业教育创新示范教材"。

本套校本教材共计16本，分为3类。专业入门教育类11本，行业公共基础类3本，行业指导类2本。专业入门教育类教材包括《化学制药技术专业入门手册》、《药物制剂技术专业入门手册》、《药品质量检测技术专业入门手册》、《化工设备维修技术专业入门手册》、《中药制药技术专业入门手册》、《中药专业入门手册》、《现代中药技术专业入门手册》、《药品经营与管理专业入门手册》、《医药物流管理专业入门手册》、《生物制药技术专业入门手册》和《生物实验技术专业入门手册》，以上11门教材分别由专业带头人主编。

行业公共基础类教材包括《医药行业法律与法规》、《医药行业卫生学基础》和《医药行业安全规范》，分别由实训中心主任和系主任主编。

行业指导类教材包括《医药行业职业道德与就业指导》和《医药行业社会实践指导手册》，由长期承担学生职业道德指导和社会实践指导的系书记和学生处主任主编。

在本套教材编写过程中，我院组织作者深入与本专业对口的医药行业重点企业进行调研，熟悉调研企业的重点岗位及工作任务，深入了解各专业所覆盖工作岗位的全部生产过程，分析岗位（群）职业要求，总结履行岗位职责应具备的综合能力。因此，本套校本教材体现了教学过程的实践性、开放性和职业性。

本套教材突出以能力为本位，以学生为主体，强调"教、学、做"一体，体现了职业教育面向社会、面向行业、面向企业的办学思想。对深化医药类职业院校教育教学改革，促进职业教育教学与生产实践、技术推广紧密结合，加强学生职业技能的培养，加快为医药行业培养更多、更优秀的高端技能型专门人才都起到了推动作用。

本套教材适用于医药类高职高专教育院校和医药行业职工培训使用。

由于作者水平有限，书中难免有不妥之处，敬请读者批评指正。

天津生物工程职业技术学院
2012 年 6 月

目 录
Contents

模块一 准备好，现在就出发 / 001

任务一 微笑迎接挑战，做一名有职业道德的医药人 ·········· 001
任务二 高等职业教育，我的选择无怨无悔 ·················· 019

模块二 学技能，就业有实力 / 033

任务一 学技能，三年早知道 ···························· 033
任务二 学技能，实训有安排 ···························· 084

模块三 行业好，发展有潜力 / 105

任务一 生物产业发展状况与展望 ························ 105
任务二 认识生物医药龙头企业 ·························· 121

模块四 素质强，创业有能力 / 126

任务一 认识毕业后的升学、就业道路 ···················· 126
任务二 认识毕业后的职业道路 ·························· 129
任务三 认识毕业后的职业岗位 ·························· 129
任务四 学习身边的生物技术领域中的能工巧匠 ············ 133
任务五 个人职业生涯规划 ······························ 136

模块一 准备好，现在就出发

任务一 微笑迎接挑战，做一名有职业道德的医药人

一、你是一名大学生

大学是国家高等教育的学府，综合性的提供教学和研究条件和授权颁发学位的高等教育机关。大学通常被人们比作用来描述新娘美丽颈项的象牙塔（ivory tower）；是与世隔绝的梦幻境地，这里是一个不同寻常、丰富多彩的小世界，充满着各种各样的机遇。众多的课外活动、体育活动、社会活动的经历将会对你们当中的很多人产生重大影响。希望你在这里度过一段人生中非常特别的时光——这就是你的大学。

请千万记住，无论你在大学中经历了什么，都归属于学习的过程。课堂的知识帮你累积学识和技能，课余的生活帮你提高综合素质，宿舍和班级内的相处帮你提升人际交往的能力，社会实践活动拓展你的视野……这所有的一切就是你们学习的时刻，是你们接触各种思想观念的时刻。这些思想观念与你们过去和将来接触到的不一定相同，这样的体验或许只在你一生中的这段时光里才会经历到。因此，当你遇到欢欣愉悦的事情时，请记住微笑，把你明媚的心情和收获与你的同伴分享，这会让你的幸福感加倍；当你遇到困难和挫折时，请记住以微笑展示你的坚强和乐观，别忘记也把你的落寞和愤愤不平向知己好友倾诉，这会帮你尽快抚平创伤。

今天，你走进了大学校园，你是一名大学生；你将如何在这"小天地"度过你的大学生活，你又将在哪些方面有所长进，下面的内容或许能使你眼前一亮。

1. 专业

没有垃圾专业，只有垃圾学生。大学是一种文化与精神凝聚的场所。很多学生学到了皮毛却没有学到内涵。专业不是你能学到什么，而是你有没有学会怎么学到东西。专业的价值在于你能往脑袋里装多少东西。很多学生认为自己分数高就是专业扎实。但是进入单位后，你会发现这个根本没有用！分数高代表你的考试技能高，不代表你的专业扎实。高分不一定低能，也不一定高能。两者没有任何必然联系。

2. 社团

外国大学的社团当然锻炼人，组织活动，拉赞助，协调人际关系，然后还有很多时候要选择项目维持社团运作，完整的一个公司模式。中国大学的社团也不是一无是处。你可以学到一些沟通能力，而且社团更像一个微型的社会，你该怎么周旋？你该怎么适应？其间你要学会怎么正视别人的白眼儿，学会怎么调节好自己的利益和别人之间的关系。

3. 技能

【硬件】

（1）英语　四级证怎么说呢？算一城市户口。你怎么活下去还是看你的真本事。口语、写作是重中之重。毕竟金山词霸还能在你翻译的时候帮你一把，可是口语交流你总不能捧个文曲星吧？抱怨的时间多看看剑桥的商务英语，有用，谁看谁知道。

（2）专业　专业是立身之本，在企业中，过硬的专业素质是你的立身之本。你有知识才能有发展，就算转行，将来也将有很大的优势。

还是那句话，专业的人不是头脑里有多少知识的人，而是手头工作的专业与自己所学专业不符的人，能不能很快上手，能不能很快有自己的见解。

【软件】

（1）心态　心平气和地做好手头的工作，你必然会有好结果的。态度决定一切！

（2）知识　不是专业。知识涉猎不一定专，但一定要广！多看看其他方面的书，金融、财会、进出口、税务、法律等等，为以后做一些积累，以后的用处会更大！会少交许多学费！

（3）思维　务必培养自己多方面的能力，包括管理能力、亲和力、察言观色能力、公关能力等，要成为综合素质的高手，则前途无量！技术以外的技能才是更重要的本事！从古到今，美国、日本，一律如此！

（4）人脉　多交朋友！不要只和你一样的人交往，认为有共同语言，其实更重要的是和其他类型的人交往，了解他们的经历、思维习惯、爱好，学习他们处理问题的模式，了解社会各个角落的现象和问题，这是以后发展的巨大本钱。

（5）修身　要学会善于推销自己！不仅要能干，还要能说、能写，善于利用一切机会推销自己，树立自己的品牌形象。要创造条件让别人了解自己，不然老板怎么知道你能干？外面的投资人怎么相信你？

最后的最后，永远别忘记对自己说——我是一名大学生，我终将战胜这些，走向光明未来。

二、挑战大学新生常见问题

1. 初入大学的迷惘

（1）大一新生的困惑　对你来说，可能期待大学生活是辉煌灿烂的一个阶段，渴望多姿多彩的校园生活令你终身难以忘怀。然而，当大学生活初步被安顿下来，开始了正常的学习生活之后，最初的惊奇与激情逐渐逝去，大学新生要面临的是一段艰难的心理适应期。

案例

"刚上大学时远离了父母，远离了昔日的朋友，我的心里非常迷惘、非常伤感。新同学的陌生更增加了我心底那份化不开的孤独。每天背着书包奔波在校园中，独自品味着生活的白开水。"一位大学新生在接受心理辅导时如是说。

（2）为什么大学新生容易产生适应困难

①新环境中知音难觅　与大学里面的新同学接触时，总习惯拿高中时

的好友为标准来加以衡量。由于有老朋友的存在，常常会觉得新面孔不太合意。

在高中阶段，上大学几乎是所有高中生最迫切的目标，在这个统一的目标下，找到志同道合的朋友很容易。但是进入大学以后，各人的目标和志向会发生很大的变化，要找到一个在某一方面有共同追求的朋友，就需要较长时间的努力。

②中心地位的失落　全国各地的同学汇集一堂，相比之下，很多新生会发现自己显得比较平常，成绩比自己更优异的同学比比皆是。

这一突然的变化使一些新生措手不及，无法接受理想自我和现实自我之间的巨大差距，一种失落感便袭上心头。

③强烈的自卑感　某些男同学可能会因为身材矮小而自卑，某些女同学可能因长相不佳而自卑；还有一些来自农村或小城镇的同学，与来自大城市的同学相比，往往会觉得自己见识浅薄，没有特长，从而产生自卑感。

2. 环境适应

（1）适应新的校园环境　首先要尽快熟悉校园的"地形"。这样，在办理各种手续、解决各种问题的时候就会比别人更顺利、更节省时间。

其次，在班级中担任一定的工作，也能帮助你尽快适应校园生活。这样与老师、同学接触得越多，掌握的信息越多，锻炼的机会也越多，能力提高很快，自信心也就逐渐建立起来了。

（2）适应校园中的人际环境　你来到大学校园，最有可能面临的情况：

①多人共享一间宿舍　你们会出现就寝、起床时间的差异、个人卫生要求、习惯的差异、对物品爱惜程度的差异等等。在宿舍生活，就是一个五湖四海的融合的过程，意味着你们要彼此适应，互相理解、互相包容。

建议在符合学校相关管理制度的基础上，制定一个宿舍公约，这样将便于寝室内所有人更好、更舒适的生活。

②饮食的差异　食堂的饭菜可能和你家乡的饮食有所差别，你的味

蕾、你的胃都要去适应。在外就餐要注意饮食健康。

③可支配生活费的差异　面对同学们之间支配金钱能力的差异，要摆正心态，树立简朴生活的观念，做到勤俭节约，合理安排生活费，保证学习的有效进行。并学会自立、自强，学习理财，如有需要可向生源地申请助学贷款、向学校申请国家奖助学金及各类社会助学金等。

（3）适应校园外的社会环境　离开家乡到异地求学，意味着踏入一个不同的社会环境，怎样搭乘公共汽车、怎样向别人问路、怎样上商店买东西、怎样和小商贩讨价还价都要逐步熟悉。了解适应社会环境都有哪些形式，总的来说，适应社会环境有两种形式：一种是改造社会环境，使环境合乎我们的要求；另一种形式是改造我们自己，去适应环境的要求。无论哪种形式，最后都要达到环境与我们自身的和谐一致。

3. 生活适应

案例

某女大学生在考入理想的大学后，从小城市到大城市，从温暖、充满母爱的小家庭到校园中的大家庭，完全不能适应。她说："洗澡要排队，衣服要自己洗，食堂的饭菜又难以下咽……"为此天天给家里打长途电话诉苦。电话里的哭声让母亲揪心，于是母亲只好请假租房陪女儿读书。

（1）培养生活自理能力　从离不开父母的家庭生活到事事完全自理的大学生活，一切都要从头学起。从某种意义上说，这是一种真正的生活独立性的训练。

（2）培养良好的生活习惯　生活习惯代表着个人的生活方式。良好的生活习惯不仅能促进个人的身心健康，而且也能对人的未来发展有间接的作用。

①要合理地安排作息时间，形成良好的作息制度。因为有规律的生活能使大脑和神经系统的兴奋和抑制交替进行，天长日久，能在大脑皮层上形成动力定型，这对促进身心健康是非常有利的。

②要进行适当的体育锻炼和文娱活动。学习之余参加一些文体活动，不但可以缓解刻板紧张的生活，还可以放松心情、增加生活乐趣，反而有助于提高学习效率。

③要保证合理的营养供应，养成良好的饮食习惯。

④要改正或防止吸烟、酗酒、沉溺于电子游戏等不良的生活习惯。

（3）安排好课余时间　大学校园除了日常的教学活动之外，还有各种各样的讲座、讨论会、学术报告、文娱活动、社团活动、公关活动等等。这些活动对于大学新生来说，的确是令人眼花缭乱，对于如何安排课余时间，大学新生常常心中没谱。如果完全按照兴趣，随意性太大，很难有效地利用高校的有利环境和资源。

应该了解自己近期内要达到哪些目标，长远目标是什么，自己最迫切需要的是什么，各种活动对自己发展的意义又有多大等等。然后做出最好的时间安排，并且在执行计划中不断地修正和发展。

丰富的课余生活不只会增添人生乐趣，也有利于建立自信心，增强社会适应能力。

4. 学习适应

（1）大学新生容易产生学习动机不足的现象　相当一部分大学生身上不同程度地存在着学习动力不足的问题。上大学前后的"动机落差"，自我控制能力差，缺乏远大的理想，没有树立正确的人生观，都是导致大学新生学习动机不足的重要原因。

（2）适应校园的学习气氛　大学里面的学习气氛是外松内紧的。和中学相比，在大学里很少有人监督你，很少有人主动指导你；这里没有人给你制订具体的学习目标，考试一般不公布分数、不排红榜……

但这里绝不是没有竞争。每个人都在独立地面对学业；每个人都该有自己设定的目标；每个人都在和自己的昨天比，和自己的潜能比，也暗暗地与别人比。

（3）调整学习方法　进入大学后，以教师为主导的教学模式变成了以学生为主导的自学模式。教师在课堂讲授知识后，学生不仅要消化理解课堂上学习的内容，而且还要大量阅读相关方面的书籍和文献资料，逐渐地从"要我学"向"我要学"转变，不采用题海战术和死记硬背的方法，提倡生动活泼地学习，提倡勤于思考。

可以说，自学能力的高低成为影响学业成绩的最重要因素。从旧的学习方法向新的学习方法过渡，这是每个大学新生都必须经历的过程。

（4）适应专业学习　对专业课的学习应目标明确具体，主动克服各种学习困难，不断提高学习兴趣；对待公共课，要认识到其实用的价值，努力把对公共课的间接兴趣转化为直接学习兴趣；对选修课的学习，应注意克服仅仅停留在浅层的了解和获知的现象。

（5）适应学习科目　中学阶段，我们一般只学习十门左右的课程，而且有两年时间都把精力砸到高考科目上了，老师主要讲授一般性的基础知识。而大学三年需要学习的课程在30门左右，每一个学期学习的课程都不相同，内容多，学习任务远比中学重得多。大学一年级主要学习公共课程和专业基础课，大学二年级主要学习专业课和专业技能课程以及选修课，大学三年级重点进行专业实习以及顶岗实习。

（6）适应自主学习　中学里，经常有老师占用自习课，让同学们非常苦恼，大学里这种情况几乎不存在了。因为大学里课堂讲授相对减少，自学时间大量增加。同时，大学为学生学习提供了非常好的环境，有藏书丰富的图书馆，有设备先进的实验室，有丰富多彩的课外活动及社团活动。

（7）明确技能要求　在中学时期，学习的内容就是语数外等高考科目，到了大学阶段，我们学习的内容转变技能为主，强调动手能力，加强技能学习与训练。

※ 高中和大学的区别——

高中事情父母包办；大学住校凡事要自己解决。

高中有事班主任通知；大学有事要自己看通知。

高中父母是你的守护者；大学在外你是自己的天使。

高中衣来伸手饭来张口；大学要自力更生丰衣足食。

※ 受人欢迎的品质——

高度喜欢的品质	中性品质的品质	高度厌恶的品质
☆ 热情	◇ 易动情	★ 不可信
☆ 善良	◇ 羞怯	★ 恶毒
☆ 友好	◇ 天真	★ 令人讨厌
☆ 快乐	◇ 好动	★ 不真实
☆ 不自私	◇ 空想	★ 不诚实
☆ 幽默	◇ 追求物欲	★ 冷酷
☆ 负责	◇ 反叛	★ 邪恶
☆ 开朗	◇ 孤独	★ 装假
☆ 信任别人	◇ 依赖别人	★ 说谎

三、新的起点，开启新的人生

成为一名大学生，也掀开了你新的人生的一章。在新的环境中，如想更好的生存和发展，需要尽快熟悉和适应这样的生活。同时在新的环境中开始，我们也可以抛弃过去不好的行为和习惯，秉承好的传统，学习新的更有价值和意义的知识、方法和技能。来到同一个大学，大家的起跑线相同，对你来说也是更大的机遇。及早地做好准备，对自己的人生目标做出分析和确定，而且也愿意花最多时间去完成这个你在医药行业里确立的职业生涯目标，这个目标可以体现你的价值、理想，和对这种成就有追求动机或兴趣。设定一个明确的、可衡量的、可执行的、有时限的目标至关重要，因为"没有目标的人永远给有目标的人打工"。

在大学生活中，要如何完善自己，开启自己新的人生呢?

1. 制订科学的专业学习计划

通常个人的专业学习计划应当包括以下三方面的内容:

(1) 明确的专业学习目标　也就是学生通过专业学习达到预期的结果，在专业基本理论、基本知识和基本技能方面达到的水平，在专业能力方面和实际应用方面达到的目标。

(2) 进程表　即学习时间和学习进度安排表，包括二个层次，一是总体学习时间和学习进度安排表，即大学期间如何安排专业学习进程，一般来说，大学专业学习进程指导原则是第一年打基础，即学习从事多种职业能力通用的课程和继续学习必需的课程。二是学期进程表，把一个学期的全部时间分成三个部分：学习时间、复习时间、考试时间。分别在三个时间段内制订不同的学习进程表。三是课程进度表，是学生在每门课程中投入的时间和精力的体现。

（3）完成计划的方法和措施　主要指学习方式，学习方式的选择需要考虑的因素：学习基础、学习能力、学习习惯、学科性质、学校能够提供的支持服务、学生能够保证的学习时间等，还要遵循学习心理活动特点和学习规律以及个人的生理规律等。

那么，什么样的专业学习计划才算是科学合理呢？

（1）全面合理　计划中除了有专业学习时间外，还应有学习其他知识的时间。也就是要有合理的知识结构。知识结构是指知识体系在求职者头脑中的内在联系。结构决定着能力，不同的知识结构预示着能否胜任不同性质的工作。随着科学技术的发展，职业发展呈现出智能化、综合化等特点，根据职业发展特点，从业者的知识结构应该更加宽泛、合理。大学生在校学习期间，不仅要掌握本专业知识技能，而且要对相近或相关知识技能进行学习。宽厚的基础知识和必要技能的掌握，才能适应因社会快速发展而对人才要求的不断变化。此外，还应有进行社会工作、为集体服务的时间；有保证休息、娱乐、睡眠的时间。

（2）长时间短安排　在一个较长的时间内，究竟干些什么，应当有个大致计划。比如，一个学期、一个学年应当有个长计划。

（3）重点突出　学习时间是有限的，而学习的内容是无限的，所以必须要有重点，要保证重点，兼顾一般。

（4）脚踏实地　一是知识能力的实际，每个阶段，在计划中要接受消化多少知识？要培养哪些能力？二是指常规学习时间与自由学习时间各有多少？三是"债务"实际，对自己在学习上的"欠债"情况心中有数。四是教学进度的实际，掌握教师教学进度，就可以妥善安排时间，不至于使自己的计划受到"冲击"。

（5）适时调整　每一个计划执行结束或执行到一个阶段，就应当检查一下效果如何。如果效果不好，就要找找原因，进行必要的调整。检查的内容应包括：计划中规定的任务是否完成，是否按计划去做了，学习效果如何，没有完成计划的原因是什么。通过检查后，再修订专业学习计划，改变不科学、不合理的地方。

（6）灵活性　计划变成现实，还需要经过一段时间，在这个过程中会遇到许多新问题、新情况，所以计划不要太满、太死、太紧。要留出机动时间，使计划有一定机动性、灵活性。

2. 能力的自我培养

大学生在大学期间应基本上具有工作岗位所要求的能力，这就要求大学生在大学期间注重能力的自我培养。其途径主要有：

（1）积累知识　知识是能力的基础，勤奋是成功的钥匙。离开知识的积累，能力就成了"无源之水"，而知识的积累要靠勤奋的学习来实现。大学生在校期间，既要掌握已学书本上的知识和技能，也要掌握学习的方法，学会学习，养成自学的习惯，树立终身学习的意识。

（2）专业实验，勤于实践　实验是理论知识的升华和检验，我们可以通过实验来检验专业的理论知识，也能巩固理论知识，加深理解。而实践是培养和提高能力的重要途径，是检验学生是否学到知识的标准。因此大学生在校期间，既要主动积极参加各种校园文化活动，又要勇于参与一些社会实践活动；既要认真参加社会调查活动，又要热心各种公益活动，既要积极参与校内外相结合的科学研究、科技协作、科技服务活动，参加以校内建设或社会生产建设为主要内容的生产劳动，又要热忱参加教育实习活功，参加学校举办的各种类型的学习班、讲学班等。

（3）发展兴趣　兴趣包括直接兴趣和间接兴趣；直接兴趣是事物本身引起的兴趣；间接兴趣是对能给个体带来愉快或益处的活动结果发生的兴趣，人的意志在其中起着积极的促进作用。大学生应该重点培养对学习的间接兴趣，以提高自身能力为目标鼓励自己学习。

（4）超越自我　作为一名大学生，应当注意发展自己的优势能力，但任何优势能力是不够的，大学生必须对已经具备的能力有所拓展，不管其发展程度如何，这是今后生存的需要，也是发展的需要。

3. 身心素质培养

身体素质和心理素质合称为身心素质。身心素质对大学生成才有着重大影响，因此不断提升身心素质显得尤为重要。大学生心理素质提升的主要途径有：

（1）科学用脑

①勤于用脑　大脑用得越勤快，脑功能越发达。讲究最佳用脑时间。研究发现，人的最佳用脑时间存在着很大的差异性，就一天而言，有早晨学习效率最高的百灵鸟型，有黑夜学习效率最高的猫头鹰型，也有最佳学习时间不明显的混合型。

②劳逸结合　从事脑力劳动的时候，大脑皮层兴奋区的代谢过程就逐步加强，血流量和耗氧量也增加，从而使脑的工作能力逐步提高。如果长时间用大脑，消耗的过程逐步越过恢复过程，就会产生疲劳。疲劳如果持续下去，不仅会使学习和工作效率降低，还会引起神经衰弱等疾病。

③多种活动交替进行　人的脑细胞有专门的分工，各司其职。经常轮换脑细胞的兴奋与抑制，可以减轻疲劳，提高效率。

④培养良好的生活习惯　节奏性是人脑的基本规律之一，大脑皮层的兴奋与抑制有节奏地交替进行，大脑才能发挥较大效能。要使大脑兴奋与抑制有节奏，就要养成良好的生活习惯。

（2）正确认识自己　良好的自我意识要求做到自知、自爱，其具体内涵是自尊、自信、自强、自制。自信、自强的人对自己的动机、目的有明确的了解，对自己的能力能做出比较客观的估计。

（3）自觉控制和调节情绪　疾病都与情绪有关，长期的思虑忧郁，过度的气愤、苦闷，都可能导致疾病的发生。大学生希望有健康的身心，就必须经常保持乐观的情绪，在学习、生活和工作中有效地驾驭自己的情绪活动，自觉地控制和调节情绪。

（4）提高克服挫折的能力　正视挫折，战胜或适应挫折。遇到挫折，要冷静分析原因，找出问题的症结，充分发挥主观能动性，想办法战胜它。如果主客观差距太大，虽然经过努力，也无法战胜，就接受它，适应它，或者另辟蹊径，以便再战。要多经受挫折的磨炼。

4. 选择与决策能力的培养

做出明智的选择是一项与每个人的成长、生活息息相关的基本生存技能，我们的每一个决定，都会影响我们的职业生涯发展。在我们的一生中，需要花费无数的时间与精力来选择或做出决定，小到选乘公交车，大到求学、择业，还有恋爱与婚姻……的确，成功与幸福很大程度上取决于我们在"十字路口"上的某个决定。如果能够具备良好的选择和决策能力，那我们在职业发展的道路上会比别人少浪费很多时间。

5. 学会职业适应与自我塑造

法国哲学家狄德罗曾说过：知道事物应该是什么样，说明你是聪明人；知道事物实际是什么样，说明你是有经验的人；知道如何使事物变得更好，说明你是有才能的人。显然，要想获得职业上的成功，首先是学会适应职业环境，就像大自然中的千年动物，能够随着自然环境的变化而调整、改变自己，避免成为"娇贵"的恐龙！

总而言之，在我们非常宝贵的大学期间，我们应努力培养以下各种技能：自学能力、设备使用操作能力、实验动手能力、应用计算机能力、绘图能力、实验测试能力、技术综合能力、独立工作能力、实验数据分析处理能力、独立思考与创造能力、管理能力、组织管理与社交能力、文字语言表达能力。为了达到以上的目标，我们必须提早动手，对未来的学习有个前瞻性的规划，通过学习计划的设计与按部就班的实施，你的目标终将会逐一实现。

四、医药人，我有我要求

近年来，我国医药行业发展迅速，人才需求旺盛。企业在用人之际反馈出新进员工普遍存在敬业精神及合作态度等方面问题，这也就牵涉到当代医药人职业素养层次的问题。在正式成为医药行业高技能人才之前，请你务必意识到良好的职业素养是你今后职业生涯成功与否的基础。

1. 职业素养涵盖的范畴

很多业界人士认为，职业素养至少包含两个重要因素：敬业精神及合作的态度。敬业精神就是在工作中要将自己作为公司的一部分，不管做什么工作一定要做到最好，发挥出实力，对于一些细小的错误一定要及时地更正，敬业不仅仅是吃苦耐劳，更重要的是"用心"去做好公司分配给的每一份工作。态度是职业素养的核心，好的态度比如负责的、积极的，自信的，建设性的，欣赏的，乐于助人等态度是决定成败的关键因素。

职业素养是个很大的概念，是人类在社会活动中需要遵守的行为规范。职业素养中，专业是第一位的，但是除了专业，敬业和道德是必备的，体现到职场上的就是职业素养，体现在生活中的就是个人素质或者道德修养。职业素养在职业过程中表现出来的综合品质，概况来说就是指职业道德、职业思想（意识）、职业行为习惯、职业技能等四个方面。职业素养是一个人职业生涯成败的关键因素，职业素养量化而成"职商"（career quotient，简称 CQ）。也可以说一生成败看职商。

2. 大学生职业素养的构成

大学生的职业素养可分为显性和隐性两部分（图 1 - 1）。

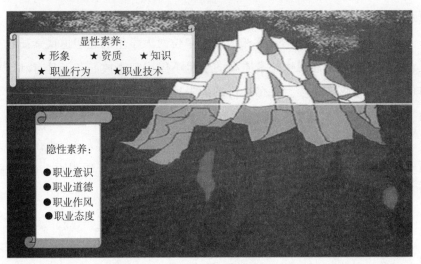

图 1 - 1　"素质冰山"理论中显性素养和隐性素养比例图示

（1）显性素养　形象、资质、知识、职业行为和职业技能等方面是显性部分。这些可以通过各种学历证书、职业证书来证明，或者通过专业考试来验证。

（2）隐性素养　职业意识、职业道德、职业作风和职业态度等方面是隐性的职业素养。"素质冰山"理论认为，个体的素质就像水中漂浮的一座冰山，水上部分的知识、技能仅仅代表表层的特征，不能区分绩效优劣：水下部分的动机、特质、态度、责任心才是决定人的行为的关键因素，鉴别绩效优秀者和一般者。大学生的职业素养也可以看成是一座冰山：冰山浮在水面以上的只有 1/8 是人们看得见的、显性的职业素养；而冰山隐藏在水面以下的部分占整体的 7/8 是人们看不见的、隐性的职业素养。显性职业素养和隐性职业素养共同构成了所应具备的全部职业素养。由此可见，大部分的职业素养是人们看不见的，但正是这 7/8 的隐性职业素养决定、支撑着外在的显性职业素养，同时，显性职业素养是隐性职业素养的外在表现。因此，大学生职业素养的培养应该着眼于整座"冰山"，以培养显性职业素养为基础，重点培养隐性职业素养。

3. 大学生应具备的职业素养

为了顺应知识经济时代社会竞争激烈、人际交往频繁、工作压力大等特点的要求，每个大学生应具备以下几种基本的职业素养：

（1）思想道德素质　近年来，用人单位对大学生的思想道德素质越来越重视，他们认为思想道德素质高的学生不仅用起来放心，而且有利于本单位文化的发展和进步。思想是行动的先导，而道德是立身之本，很难想象一个思想道德素质差的人能够在工作中赢得别人充分的信任和良好的合作。毕竟人是社会的人，在企业的工作中更是如此。所以，企业在选拔录用毕业生时，对思想道德素质都会很在意。虽然这种素质很难准确测量，但是人的思想道德素质会体现在人的一言一行中，这也是面试的主要目的之一。

（2）事业心和责任感　事业心是指干一番事业的决心。有事业心的人目光远大、心胸开阔，能克服常人难以克服的困难而成为社会上的佼佼者。责任感就是要求把个人利益同国家和社会的发展紧密联系起来，树立强烈的历史使命感和社会责任感。拥有较强的事业心和责任感的大学生才能与单位同甘共苦、共患难，才能将自己的知识和才能充分发挥出来，从而创造出效益。

（3）职业道德　职业道德体现在每一个具体职业中，任何一个具体职业都有本行业的规范，这些规范的形成是人们对职业活动的客观要求。从业者必须对社会承担必要的职责，遵守职业道德，敬业、勤业。具体来说，就是热爱本职工作，恪尽职守，讲究职业信誉，刻苦钻研本职业务，对技术和专业精益求精。在今天，敬业勤业更具有新的、丰富的内涵和标准。不计较个人得失、全心全意为人民服务、勤奋开拓、求实创新等，都是新时代对大学毕业生职业道德的要求。缺乏职业道德的大学生不可能在工作中尽心尽力，更谈不上有所作为；相反，大学毕业生如果拥有崇高的职业道德，不断努力，那么在任何职业上都会做出贡献，服务社会的同时体现个人价值。

（4）专业基础　随着科学技术的迅速发展，社会化大生产不断壮大，现代职业对从业人员专业基础的要求越来越高，专业化的倾向越来越明显。"万金油"式的人才已经不能满足市场的需求，只有拥有"一专多能"才能在求职过程中取胜。大学毕业生应该拥有宽厚扎实的基础知识和广博精深的专业知识。基础知识、基本理论是知识结构的根基。拥有宽厚扎实的基础知识，才能有持续学习和发展的基础和动力。专业知识是知识结构的核心部分，大学生要对自己所从事专业的知识和技术精益求精，对学科的历史、现状和发展趋势有较深的认识和系统的了解，并善于将其所学的专业和其他相关知识领域紧密联系起来。

（5）学习能力　现代社会科学技术飞速发展，一日千里。只有基础牢，会学习，善于汲取新知识、新经验，不断在各方面完善自己，才能跟上时代的步伐。有研究观点认为，一个大学毕业生在学校获得的知识只占一生工作所需知识的10%，其余需在毕业后的继续学习中不断获取。

（6）人际交往能力　人际交往能力就是与人相处的能力。随着社会分工的日益精细以及个人能力的限制，单打独斗已经很难完成工作任务，人际间的合作与沟通已必不可少。大学毕业生应该积极主动地参与人际交往，做到诚实守信、以诚待人，同时努力培养团队协作精神，这样才能逐步提高自己的人际交往能力。

（7）吃苦精神　用人单位认为近年来所招大学生最缺乏的素质是实干精神。现在的大学生最大的弱点是怕吃苦，缺乏实干的奋斗精神。大凡有所成就的人，无一不是通过艰苦创业而成才的。作为当代大学生，我们应从平时小事做起，努力培养吃苦耐劳的创业精神。

（8）创新精神　现代社会日新月异，我们不能墨守成规。在市场经济条件下，各企业都要参与激烈的市场竞争。用人单位迫切需要大学生运用创新精神和专业知识来帮助他们改造技术，加强企业管理，使产品不断更新和发展，给企业带来新的活力。信息时代是物资极弱的时代，非物资需求成为人类的重要需求，信息网络的全球架构使人类生活的秩序和结构发生根本变化。人才，尤其是信息时代的人才，更需要创新精神。

（9）身体素质　现代社会生活节奏快，工作压力大，没有健康的体魄很难适应。用人单位都希望自己的员工能健康地为单位多做贡献，而不希望看到他们经常请病假。身体有疾病的员工不但会耽误自己的工作，还有可能对单位的其他同事造成影响。用人单位和大学生签订协议书之前，都会要求大学生提交身体检查报告，如果身体不健康，即使其他方面非常优秀，也会被拒之门外。

（10）健康的心理　健康的心理是一个人事业能否取得成功的关键，它是指自我意识的健全，情绪控制的适度，人际关系的和谐和对挫折的承受能力。心理素质好的人能以旺盛的精力、积极乐观的心态处理好各种关系，主动适应环境的变化；心理素质差的人则经常处于忧愁困苦中，不能很好地适应环境，最终影响了工作甚至带来身体上的疾病。大学毕业生在走出校园以后，会遇到更加复杂的人际关系，更为沉重的工作压力，这都需要大学毕业生很好地进行自我调适以适应社会。

总的来说，大学生应具备的职业意识包括：市场意识、创新意识、合作意识、服务意识、法律意识、竞争意识、创业意识。而大学生应具备的职业能力又包括以下几个方面：终身学习能力、人际沟通能力、开发创造能力、协调沟通能力、言语表达能力、组织管理能力、判断决策能力、职场人格魅力、信息处理能力、应变处理能力。

4. 职业素养的自我培养

作为职业素养培养主体的大学生，在大学期间应该学会自我培养。

（1）要培养职业意识　雷恩·吉尔森说："一个人花在影响自己未来

命运的工作选择上的精力，竟比花在购买穿了一年就会扔掉的衣服上的心思要少得多，这是一件多么奇怪的事情，尤其是当他未来的幸福和富足要全部依赖于这份工作时。"很多高中毕业生在跨进大学校门之时就认为已经完成了学习任务，可以在大学里尽情地"享受"了。这正是他们在就业时感到压力的根源。清华大学的樊富珉教授认为，中国有 69% ~ 80% 的大学生对未来职业没有规划，就业时容易感到压力。中国社会调查所最近完成的一项在校大学生心理健康状况调查显示：75% 的大学生认为压力主要来源于社会就业。50% 的大学生对于自己毕业后的发展前途感到迷茫，没有目标；41.7% 的大学生表示目前没考虑太多：只有 8.3% 的人对自己的未来有明确的目标并且充满信心。培养职业意识就是要对自己的未来有规划。因此，大学期间，每个大学生应明确我是一个什么样的人？我将来想做什么？我能做什么？环境能支持我做什么？着重解决一个问题，就是认识自己的个性特征，包括自己的气质、性格和能力，以及自己的个性倾向，包括兴趣、动机、需要、价值观等。据此来确定自己的个性是否与理想的职业相符：对自己的优势和不足有一个比较客观的认识，结合环境如市场需要、社会资源等确定自己的发展方向和行业选择范围，明确职业发展目标。

（2）配合学校的培养任务，完成知识、技能等显性职业素养的培养

职业行为和职业技能等显性职业素养比较容易通过教育和培训获得。学校的教学及各专业的培养方案是针对社会需要和专业需要所制订的。旨在使学生获得系统化的基础知识及专业知识，加强学生对专业的认知和知识的运用，并使学生获得学习能力、培养学习习惯。因此，大学生应该积极配合学校的培养计划，认真完成学习任务，尽可能利用学校的教育资源，包括教师、图书馆等获得知识和技能，作为将来职业需要的储备。

（3）有意识地培养职业道德、职业态度、职业作风等方面的隐性素养

隐性职业素养是大学生职业素养的核心内容。核心职业素养体现在很多方面，如独立性、责任心、敬业精神、团队意识、职业操守等。事实表明，很多大学生在这些方面存在不足。有记者调查发现，缺乏独立性、会抢风头、不愿下基层吃苦等表现容易断送大学生的前程。如某企业招聘负

责人在他所进行的一次招聘中，一位来自上海某名牌大学的女生在中文笔试和外语口试中都很优秀，但被最后一轮面试淘汰。他说："我最后不经意地问她，你可能被安排在大客户经理助理的岗位，但你的户口能否进深圳还需再争取，你愿意吗？"结果，她犹豫片刻回答说："先回去和父母商量再决定。"缺乏独立性使她失掉了工作机会。而喜欢抢风头的人被认为没有团队合作精神，用人单位也不喜欢。如今，很多大学生生长在"6＋1"的独生子女家庭，因此在独立性、承担责任、与人分享等方面都不够好，相反他们爱出风头、容易受伤。因此，大学生应该有意识地在学校的学习和生活中主动培养独立性，学会分享、感恩，勇于承担责任，不要把错误和责任都归咎于他人。自己摔倒了不能怪路不好，要先检讨自己，承认自己的错误和不足。

大学生职业素养的自我培养应该加强自我修养，在思想、情操、意志、体魄等方面进行自我锻炼。同时，还要培养良好的心理素质，增强应对压力和挫折的能力，善于从逆境中寻找转机。

5. 医药人的职业道德要求

（1）药学科研的职业道德要求

①忠诚事业，献身药学

②实事求是，一丝不苟

③尊重同仁，团结协作

④以德为先，尊重生命

（2）药品生产的职业道德要求

①保证生产，社会效益与经济效益并重

②质量第一，自觉遵守规范（GMP）

③保护环境，保护药品生产者的健康

④规范包装，如实宣传

⑤依法促销，诚信推广

（3）药品经营的职业道德要求

1）药品批发的道德要求

① 规范采购，维护质量

② 热情周到，服务客户

2）药品零售的道德要求

① 诚实守信，确保销售质量

② 指导用药，做好药学服务

（4）医院药学工作的职业道德要求

①合法采购，规范进药

②精心调剂，热心服务

③精益求精，确保质量

④维护患者利益，提高生活质量

任务二　高等职业教育，我的选择无怨无悔

一、普通高等教育和高等职业教育

《国家中长期教育改革和发展规划纲要（2010－2020 年)》（简称《教育规划纲要》），对高等教育提出了发展规划。基于此，我们来看一下普通高等教育和高等职业教育。

1. 普通高等教育

高等教育承担着培养高级专门人才、发展科学技术文化、促进社会主义现代化建设的重大任务。到 2020 年，高等教育结构更加合理，特色更加鲜明，人才培养、科学研究和社会服务整体水平全面提升，着力培养信念执著、品德优良、知识丰富、本领过硬的高素质专门人才和拔尖创新人才。

国家将加快建设一流大学和一流学科。以重点学科建设为基础，继续实施"985 工程"和优势学科创新平台建设，继续实施"211 工程"和启动特色重点学科项目。坚持服务国家目标与鼓励自由探索相结合，加强基础研究；以重大现实问题为主攻方向，加强应用研究。促进高校、科研院

所、企业科技教育资源共享，推动高校创新组织模式，培育跨学科、跨领域的科研与教学相结合的团队。

普通高等教育五大学历教育是国家教育部最为正规且用人单位最为认可的学历教育，主要包括全日制普通博士学位研究生、全日制普通硕士学位研究生（包括学术型硕士和专业硕士）、全日制普通第二学士学位、全日制普通本科、全日制普通专科（高职）。

2. 高等职业教育

我国的高等职业技术教育开始于 20 世纪 80 年代初，1995 年以后，特别是 1996 年 6 月全国教育工作会议之后，高等职业技术教育发展迅速。中央和地方也出台了一系列好政策、好措施。教育部批准设置了 92 所高等职业技术学院，各地方也成立了具有地方特色的高等职业技术学院，许多普通高校也以不同形式设置了职业技术学院，高等职业技术教育的发展出现了大好局面。

国家在《教育规划纲要》中提及要大力发展职业教育。职业教育要面向人人、面向社会，着力培养学生的职业道德、职业技能和就业创业能力。到 2020 年，形成适应经济发展方式转变和产业结构调整要求、体现终身教育理念、中等和高等职业教育协调发展的现代职业教育体系，满足人民群众接受职业教育的需求，满足经济社会对高素质劳动者和技能型人才的需要。

政府切实履行发展职业教育的职责。把职业教育纳入经济社会发展和产业发展规划，促使职业教育规模、专业设置与经济社会发展需求相适应。统筹中等职业教育与高等职业教育发展。健全多渠道投入机制，加大职业教育投入。

把提高质量作为重点。以服务为宗旨，以就业为导向，推进教育教学改革。实行工学结合、校企合作、顶岗实习的人才培养模式。坚持学校教育与职业培训并举，全日制与非全日制并重。调动行业企业的积极性。

由此来看，高等职业院校既拥有普通高等教育的学历，也享受到国家对高等教育和职业教育的双重投入。身为高等职业院校一名学生的你，不仅将成长为高素质技能型人才服务于企业和社会，也将有机会继续深造提升学历水平，成为本领过硬的高素质专门人才和拔尖创新人才。

3. 高等职业技术教育与普通高等教育比较研究

目前我国正在加紧推进高等教育大众化进程，而加速高等职业教育的发展是实现高等教育大众化的主要途径。高等职业教育和普通高等教育有着许多相同的地方，如共同遵循教育的基本原则，共同追求培养社会主义的德智体美劳全面发展的建设者和接班人的总体目标，共同遵循着政策宏观调控与高校自主办学积极性相结合的原则，共同接受衡量教育教学质量的一个宏观标准。但高等职业教育与普通高等教育又有着明显的区别。

（1）高等职业教育与普通高等教育在人才培养上的区别

①源渠道上的区别　目前高职院校的生源来自于三个方面：一是参加普通高考的学生，二是中等职业技术学院和职业高中对口招生的学生，三是初中毕业的学生；而普通高等教育的生源通常是在校的高中毕业生。

②培养目标上的区别　普通高等教育主要培养的是研究型和探索型人才以及设计型人才，而高等职业教育则是主要培养既具有大学程度的专业知识，又具有高级技能，能够进行技术指导并将设计图纸转化为所需实物，能够运用设计理念或管理思想进行现场指挥的技术人才和管理人才。换句话说，高等职业教育培养的是技艺型、操作型的、具有大学文化层次的高级技术人才。同普通高等教育相比，高等职业教育培养出来的学生，毕业后大多数能够直接上岗，一般没有所谓的工作过渡期或适应期，即使有也是非常短的。

③与经济发展关系上的区别　随着社会的发展，高等教育与社会经济发展的联系越来越紧密，高等职业教育又是高等教育中同经济发展联系最为密切的一部分。在一定的发展阶段中，高等职业教育的学生人数的增长与地区的国民生产总值的变化处于正相关状态，高职教育针对本地区的经济发展和社会需要，培养相关行业的高级职业技术人才，它的规模与发展速度和产业结构的变化，取决于经济发展的速度和产业结构的变化。随着我国经济结构的战略性调整，社会对高等职业教育的发展要求和定位必然以适应社会和经济发展的需求为出发点和落脚点，高等职业教育如何挖掘

自身内在的价值，使之更有效地服务于社会是其根本性要求。

④专业设置与课程设置上的区别　在专业设置及课程设置上，普通高等教育是根据学科知识体系的内部逻辑来严格设定的，而高等职业教育则是以职业岗位能力需求或能力要素为核心来设计的。就高等职业教育的专业而言，可以说社会上有多少个职业就有多少个专业；就高等职业教育的课程设置而言，也是通过对职业岗位的分析，确定每种职业岗位所需的能力或素质体系，再来确定与之相对应的课程体系。有人形象地说，以系列产品和职业证书来构建课程体系，达到高等职业教育与社会需求的无缝接轨。

⑤培养方式上的区别　普通高等教育以理论教学为主，虽说也有实验、实习等联系实际的环节，但其目的仅仅是为了更好地学习、掌握理论知识，着眼于理论知识的理解与传授。而高等职业教育则是着眼于培养学生的实际岗位所需的动手能力，强调理论与实践并重，教育时刻与训练相结合，因此将技能训练放在了极其重要的位置上，讲究边教边干，边干边学，倡导知识够用为原则，缺什么就补什么，实践教学的比重特别大。这样带来的直接效果是，与普通高等教育相比，高等职业教育所培养的学生，在毕业后所从事的工作同其所受的职业技术教育的专业是对口的，他们有较好的岗位心理准备和技术准备，因而能迅速地适应各种各样的工作要求，为企业或单位带来更大的经济效益。

（2）高等职业教育与普通高等教育在课堂教学评价上的区别　根据高等职业教育与普通高等教育在上述两个方面具有的明显区别，对二者在课堂教学评价问题上区别就容易得出答案了。从评价内容来看，普通高等教育重点放在教师对基础科学知识的传授之上；高等职业教育则主要放在教师对技术知识与操作技能的传授方面。从评价过程来看，普通高等教育主要围绕教师的教学步骤展开；高等职业教育则主要围绕学生的学习环节来进行。从评价者来看，普通高等教育主要是以学科教师为主；高等职业教育则主要以岗位工作人员为主。从评价方式来看，普通高等教育主要以同行和专家评价为主；高等职业教育则主要以学生评教为主。

4. 结论

（1）高等职业技术教育和普通高等教育都是高等教育的重要组成部分，二者只有类型的区别，没有层次的区别。因此，高等职业技术教育既是高等教育的一种类型，又是职业技术教育高层次。

（2）高等职业技术教育和普通高等教育在培养目标上有所区别：高等职业技术教育的培养目标是定位于技术型人才的培养；普通高等教育强调培养目标的学术定向性，而高等职业教育强调培养目标的职业定向性。普通高等教育培养的是理论型人才，而高等职业教育培养的是应用型人才。高等职业教育不仅需要学生掌握基本知识和理论，还需要学生提高实践能力。

（3）高等职业技术教育和普通高等教育在培养模式上有所差异：普通高等教育在人才培养模式中强调学科的"重要性"，注重理论基础的"广博性"和专业理论的"精深性"；专业设置体现"学科性"，课程内容注重"理论性"，教学过程突出"研究性"。高等职业技术教育则更为强调职业能力的"重要性"，注重理论基础的"实用性"；专业设置体现"职业性"，课程内容强调"应用性"，教学过程注重"实践性"。

（4）高等职业技术教育和普通高等教育在教学管理上有所不同：普通高等教育在教学管理中更注重稳定性、长效性和学术自主性。相对而言，高等职业技术教育则更强调教学管理的灵活性、应变性、多重协调性和目标导向性。

（5）普通高等教育需要的是基础理论扎实、学术水平高、科研能力强的教师队伍，高等职业教育需要的是既在理论讲解方面过硬，又在技艺和技能方面见长的"双师型"的教师队伍。

（6）高等职业技术教育和普通高等教育在生源、教育特色、实践能力等方面也存在一定差异。

二、我国大力发展高等职业教育

我国高等职业教育担负着培养适应社会需求的生产、管理、服务第一线应用性专门人才的使命，高等职业教育的改革发展对全国实施科教兴国战略和人才强国战略有着极为重要的意义。随着经济体制改革的不断深入和国民经济的快速发展，我国在制造业、服务业等行业的技术应用性人才紧缺的状况越来越突出，它直接影响了生产规模和产品质量，制约了产业的发展，影响了国际竞争力的增强。因此，国家十分强调要"大力发展高等职业教育"。

在过去的 10 年，我国高职教育规模得到迅猛的发展。独立设置院校数从 431 所增长到 1184 所，占普通高校总数的 61%；2008 年高职教育招生数达到 311 万人，比 1998 年增长了 6 倍，在校生近 900 万人，对高等教育进入大众化历史阶段发挥了重要的基础性作用。

2006 年 11 月 16 日，中华人民共和国教育部颁布文件《教育部关于全面提高高等职业教育教学质量的若干意见》（教高〔2006〕16 号）明确指出："高等职业教育作为高等教育发展中的一个类型，肩负着培养面向生产、建设、服务和管理第一线需要的高技能人才的使命，在我国加快推进社会主义现代化建设进程中具有不可替代的作用。"同时，开始实施被称为"高职 211 工程"的"国家示范性高等职业院校建设计划"，力争到 2020 年出现 20 所文化底蕴丰厚、办学功底扎实、具有核心发展力且被国外高等职业教育界广泛认可的世界著名高职院校；重点建设 100 所办学特色鲜明、教学质量优良在全国起引领示范作用的高职院校；重点建设 1000 个技术含量高，社会适应性强，有地方特色和行业优势的品牌专业。截至 2008 年，中华人民共和国教育部和财政部已经正式遴选出了天津职业大学、成都航空职业技术学院、深圳职业技术学院等 100 所国家示范性高等职业院校建设单位和 8 所重点培育院校。自此，高等职业教育和高职院校进入了一个前所未有的新的发展历史时期。

《中共中央关于制定国民经济和社会发展第十二个五年规划的建议》中提到"加快教育改革发展。全面贯彻党的教育方针，保障公民依法享有受教育的权利，办好人民满意的教育。按照优先发展、育人为本、改革创新、促进公平、提高质量的要求，深化教育教学改革，推动教育事业科学发展。全面推进素质教育，遵循教育规律和学生身心发展规律，坚持德育为先、能力为重，促进学生德智体美全面发展。积极发展学前教育，巩固提高义务教育质量和水平，加快普及高中阶段教育，大力发展职业教育，全面提高高等教育质量，加快发展继续教育，支持民族教育、特殊教育发展，建设全民学习、终身学习的学习型社会。"

《教育规划纲要》中也提出建立健全政府主导、行业指导、企业参与的办学机制，制定促进校企合作办学法规，推进校企合作制度化。鼓励行业组织、企业举办职业学校，鼓励委托职业学校进行职工培训。制定优惠政策，鼓励企业接收学生实习实训和教师实践，鼓励企业加大对职业教育的投入。

《国务院办公厅关于开展国家教育体制改革试点的通知》也提出改革职业教育办学模式，构建现代职业教育体系，提出了若干试点建设。其中天津分别被列入"建立健全政府主导、行业指导、企业参与的办学体制机制，创新政府、行业及社会各方分担职业教育基础能力建设机制，推进校企合作制度化"的试点城市；"开展中等职业学校专业规范化建设，加强职业学校'双师型'教师队伍建设，探索职业教育集团化办学模式"的试点城市；"探索建立职业教育人才成长'立交桥'，构建现代职业教育体系"的试点城市。

借助国家大力发展高等职业教育的东风，高职院校将优化资源配置、积极探索多样化的办学模式，促进教学改革和课程改革等。高职院校将有更多机会筹建各类实训基地、参与及组织各类职业技能竞赛，实现健全技能型人才培养体系，推动普通教育与职业教育相互沟通，相互借鉴，为学生提供更好的学习平台，提升学生的职业素养，与企业实现零距离接轨，更快地服务于区域经济发展。

三、专业、职业、工种、岗位的内涵

以工学结合为特色、以就业为导向、以服务为宗旨是高等职业院校的办学理念。鉴于此，学生入校以来就要和企业需求紧密结合。在入学之初，我们及早了解专业与职业、工种及岗位之间的联系，将更有利于开展今后的学习。

1. 专业

根据《普通高等学校高职高专教育专业设置管理办法（试行）》，由教育部组织制订的《普通高等学校高职高专教育指导性专业目录》（以下简称《目录》）是国家对高职高专教育进行宏观指导的一项基本文件，是指导高等学校设置和调整专业，教育行政部门进行教育统计和人才预测等工作的重要依据，也可作为社会用人单位选择和接收毕业生的重要参考。

其所列专业是根据高职高专教育的特点，以职业岗位群或行业为主兼顾学科分类的原则进行划分的，体现了职业性与学科性的结合，并兼顾了与本科目录的衔接。专业名称采取了"宽窄并存"的做法，专业内涵体现了多样性与普遍性相结合的特点，同一名称的专业，不同地区不同院校可以且提倡有不同的侧重与特点。《目录》分设农林牧渔、交通运输、生化与药品、资源开发与测绘、材料与能源、土建、水利、制造、电子信息、环保气象与安全、轻纺食品、财经、医药卫生、旅游、公共事业、文化教育、艺术设计传媒、公安、法律等。截止 2012 年，我国高职高专教育拟招生专业 1073 种，专业点 51378 个。

2. 职业

职业是参与社会分工，利用专门的知识和技能，为社会创造物质财富和精神财富，获取合理报酬，作为物质生活来源，并满足精神需求的工作。我国职业分类，根据我国不同部门公布的标准分类，主要有两种类型：

第一种：根据国家统计局、国家标准总局、国务院人口普查办公室 1982 年 3 月公布，供第三次全国人口普查使用的《职业分类标准》。该《标准》依据在业人口所从事的工作性质的同一性进行分类，将全国范围内的职业划分为大类、中类、小类三层，即 8 大类、64 中类、301 小类。其 8 个大类的排列顺序是：第一，各类专业、技术人员；第二，国家机关、党群组织、企事业单位的负责人；第三，办事人员和有关人员；第四，商业工作人员；第五，服务性工作人员，第六，农林牧渔劳动者；第七，生产工作、运输工作和部分体力劳动者；第八，不便分类的其他劳动者。在八个大类中，第一、二大类主要是脑力劳动者，第三大类包括部分脑力劳动者和部分体力劳动者，第四、五、六、七大类主要是体力劳动者，第八类是不便分类的其他劳动者。

第二种：国家发展计划委员会、国家经济委员会、国家统计局、国家标准局批准，于1984年发布，并于1985年实施的《国民经济行业分类和代码》。这项标准主要按企业、事业单位、机关团体和个体从业人员所从事的生产或其他社会经济活动的性质的同一性分类，即按其所属行业分类，将国民经济行业划分为门类、大类、中类、小类四级。门类共13个：①农、林、牧、渔、水利业；②工业；③地质普查和勘探业；④建筑业；⑤交通运输业、邮电通信业；⑥商业、公共饮食业、物资供应和仓储业；⑦房地产管理、公用事业、居民服务和咨询服务业；⑧卫生、体育和社会福利事业；⑨教育、文化艺术和广播电视业；⑩科学研究和综合技术服务业；⑪金融、保险业；⑫国家机关、党政机关和社会团体；⑬其他行业。这两种分类方法符合我国国情，简明扼要，具有实用性，也符合我国的职业现状。

（1）职业资格　职业资格是对从事某一职业所必备的学识、技术和能力的基本要求。

职业资格包括从业资格和执业资格。从业资格是指从事某一专业（职业）学识、技术和能力的起点标准。执业资格是指政府对某些责任较大，社会通用性强，关系公共利益的专业（职业）实行准入控制，是依法独立开业或从事某一特定专业（职业）学识、技术和能力的必备标准。

（2）职业证书　职业资格证书是劳动就业制度的一项重要内容，也是一种特殊形式的国家考试制度。它是指按照国家制定的职业技能标准或任职资格条件，通过政府认定的考核鉴定机构，对劳动者的技能水平或职业资格进行客观公正、科学规范的评价和鉴定，对合格者授予相应的国家职业资格证书。

《劳动法》第八章第六十九条规定："国家确定职业分类，对规定的职业制定职业技能标准，实行职业资格证书制度，由经过政府批准的考核鉴定机构负责对劳动者实施职业技能考核鉴定。"

《职业教育法》第一章第八条明确指出："实施职业教育应当根据实际

需要，同国家制定的职业分类和职业等级标准相适应，实行学历文凭、培训证书和职业资格证书制度"。

这些法律条款确定了国家推行职业资格证书制度和开展职业技能鉴定的法律依据。

（3）职业资格等级证书等级　我国职业资格证书分为五个等级：初级工（五级）、中级工（四级）、高级工（三级）、技师（二级）和高级技师（一级）。

3. 工种

工种是根据劳动管理的需要，按照生产劳动的性质、工艺技术的特征、或者服务活动的特点而划分的工作种类。

目前大多数工种是以企业的专业分工和劳动组织的基本状况为依据，从企业生产技术和劳动管理的普遍水平出发，为适应合理组织劳动分工的需要，根据工作岗位的稳定程度和工作量的饱满程度，结合技术发展和劳动组织改善等方面的因素进行划分的。

如，医药特有工种职业（工种）目录涉及化学合成制药工工种47种、生化药品制造工的生化药品提取工、发酵工程制药工微生物发酵工等6种、药物制剂工工种31种、药物检验工工种7种、实验动物饲养工药理实验动物饲养工、医药商品储运员（含医疗器械）工种5种、淀粉葡萄糖制造工工种12种。

4. 岗位

岗位，是组织为完成某项任务而确立的，由工种、职务、职称和等级内容组成。岗位职责指一个岗位所要求的需要去完成的工作内容以及应当承担的责任范围。

药事管理涉及药品注册、研究开发、生产、经营、流通、使用、价格、广告等方面，意味着在相应方面均有基层工作和管理、监督检查人员。每一环节均有其对应的岗位及岗位职责。

总体来看，选择学习了哪一专业，就意味着今后进入哪一行业，从事何种职业的机会更大一些。要积极面对专业课程的学习，同时寻求拓展专业知识的机会，有条件的基础上，可以自学其他专业的课程，增加自己的职场竞争力。

四、高等职业教育实行"双证书"制度

所谓双证书制，是指高职院校毕业生在完成专业学历教育获得毕业文凭的同时，必须参与其专业相衔接的国家就业准入资格考试并获得相应的职业资格证书。即高等职业院校的毕业生应取得学历和技术等级或职业资格两种证书的制度。

高职学历证书与职业资格证书既有紧密联系，又有明显区别。高职学历教育与职业资格证书制度的根本方向和主要目的具有一致性，都是为了促进从业人员职业能力的提高，有效地促进有劳动能力的公民实现就业和再就业，二者都以职业活动的需要作为基本依据。但是，二者又不能相互等同、相互取代。职业资格标准的确定仅以社会职业需要为依据，是关于"事"的标准，主要是为了维护用人单位的利益和社会公共利益。学历教育与职业资格的考核方式也存在明显不同。职业资格鉴定只是一种终结性的考核评价，而学历教育既注重毕业时和课程结束时的终结性考核评价，更注重学习过程中的发展性评价。为了达到教育目标，学历教育可以采用标准参照，也可以采用常模参照，而职业资格鉴定仅采用标准参照。此外，职业资格鉴定要规定从业者的工作经历，而毕业证书的发放则要规定学习者的学习经历。

双证书制度是在高等职业教育改革形势下应运而生的一种新的制度设计，是对传统高职教育的规范和调整。实行双证书制度是国家教育法规的要求，是人才市场的要求，也是高等职业教育自身的特性和社会的需要。

1. 实行双证书制度是国家教育法规的要求

几年来国家在许多法规和政策性文件中提出了实行双证书制度的要求。1996 年颁布的《中华人民共和国职业教育法》规定"实施职业教育应当根据实际需要，同国家制定的职业分类和职业等级标准相适应，实行学历证书、培训证书和职业资格证书制度。"并明确"学历证书、培训证书按照国家有关规定，作为职业学校、职业培训机构的毕业生、结业生从业的凭证。"1998 年国家教委、国家经贸委、劳动部《关于实施〈职业教

育法〉加快发展职业教育的若干意见》中详细说明："要逐步推行学历证书或培训证书和职业资格证书两种证书制度。接受职业学校教育的学生，经所在学校考试合格，按照国家有关规定，发给学历证书；接受职业培训的学生，经所在职业培训机构或职业学校考核合格，按照国家有关规定，发给培训证书。对职业学校或职业培训机构的毕（结）业生，要按照国家制定的职业分类和职业等级、职业技能标准，开展职业技能考核鉴定，考核合格的，按照国家有关规定，发给职业资格证书。学历证书、培训证书和职业资格证书作为从事相应职业的凭证。"《教育规划纲要》提到要增强职业教育吸引力，完善职业教育支持政策。积极推进学历证书和职业资格证书"双证书"制度，推进职业学校专业课程内容和职业标准相衔接。完善就业准入制度，执行"先培训、后就业"、"先培训、后上岗"的规定。

以上这些，为实行双证书制度提供了法律依据和政策保证。

2. 实行双证书制度是社会人才市场的要求

随着社会主义市场经济的发展，社会人才市场对从业人员素质的要求越来越高，特别是对高级实用型人才的需求更讲究"适用"、"效率"和"效益"，要求应职人员职业能力强，上岗快。这就要求高等职业院校的毕业生，在校期间就要完成上岗前的职业训练，具有独立从事某种职业岗位工作的职业能力。双证书制度正是为此目的而探索的教育模式，职业资格证书是高职毕业生职业能力的证明，谁持有的职业资格证书多，谁的从业选择性就大，就业机会就多。

3. 实行双证书制度是高职教育自身的特性

高等职业教育是培养面向基层生产、服务和管理第一线的高级实用型人才。双证书是实用型人才的知识、技能、能力和素质的体现和证明，特别是技术等级证书或职业资格证书是高等职业院校毕业生能够直接从事某种职业岗位的凭证。因此，实行双证书制度是高等职业教育自身的特性和实现培养目标的要求。

高等职业教育实行"双证书"制度主旨在于提高高职院校学生的就业竞争力，确保学生毕业后能够学有所有，大力服务于企业发展及社会主义经济建设。

五、高职毕业生，职场上的香饽饽

1. 全国就业整体形势

《国务院关于批转促进就业规划（2011 - 2015 年）的通知》中对"十二五"时期面临的就业形势做出明确阐述："十二五"时期，我国就业形势将更加复杂，就业总量压力将继续加大，劳动者技能与岗位需求不相适应、劳动力供给与企业用工需求不相匹配的结构性矛盾将更加突出，就业任务更加繁重。

2. 政策措施

（1）促进以创业带动就业　健全创业培训体系，鼓励高等和中等职业学校开设创业培训课程。健全创业服务体系，为创业者提供项目信息、政策咨询、开业指导、融资服务、人力资源服务、跟踪扶持，鼓励有条件的地方建设一批示范性的创业孵化基地。

（2）统筹做好城乡、重点群体就业工作　其中就明确要切实做好高校毕业生和其他青年群体的就业工作。

一方面继续把高校毕业生就业放在就业工作的首位，积极拓展高校毕业生就业领域，鼓励中小企业吸纳高校毕业生就业。鼓励引导高校毕业生面向城乡基层、中西部地区，以及民族地区、贫困地区和艰苦边远地区就业，落实各项扶持政策。

另一方面，鼓励高校毕业生自主创业、支持高校毕业生参加就业见习和职业培训。

3. 大力培养急需紧缺人才

"十二五规划"提出教育和人才工作发展任务、创新驱动实施科教兴国和人才强国战略。其中提到促进各类人才队伍协调发展。涉及到要大力开发装备制造、生物技术、新材料、航空航天、国际商务、能源资源、农业科技等经济领域和教育、文化、政法、医药卫生等社会领域急需紧缺专门人才，统筹推进党政、企业经营管理、专业技术、高技能、农村实用、社会工作等各类人才队伍建设，实现人才数量充足、结构合理、整体素质和创新能力显著提升，满足经济社会发展对人才的多样化需求。

4. 高职生就业现状

在政策扶持下，高职高专院校就业率连年攀升。经过多年的发展，秉持着以就业为导向的办学目标，目前国内不少高职高专院校终于百炼成钢，摸准了市场的脉搏，按照市场需求培养的学生就成了就业市场上的"香饽饽"。

高职院校就业率高的主要原因在于培养的人才"适销对路"，职业能力强、专业对口人才紧缺、订单式培养是高职毕业生就业率走高的根本原因。各高职学院积极地与企业合作，根据市场需求进行课程开发；通过校企合作，企业把车间搬到学院，或者学生到企业以场中校的形式，把学生的实践环节做足做实，真正地与就业零距离接触。再者现在越来越多的用人单位讲究人才的优化配置，做到人岗匹配，对某些岗位来说，录用高职生比录用本科生可以花费更少的薪酬及培训成本，却能获得更好的用人效果。

很多高职学生通过在校期间参加各类实训、工学交替、订单培养班及技能大赛等，练就了一身本领，拿到了相关的职业资格证书，掌握了企业急需的专业技能，这些磨砺使企业看到了他们的价值，帮助他们确立了在企业中的工作岗位，有些甚至成为用人单位后备人才培养对象。

社会经济发展趋势及企业对技能型人才的需求越旺盛，高职毕业生的优势就越来越凸现，有些高职毕业生还没有毕业就被用人单位提前预订一空，有些在学期间就能拿着比不少本科毕业生还要高的薪水。

当然，高职毕业生不应满足于眼前的高就业率，更应为个人今后长期的职业发展，做出更好的规划，要不断地提升个人学历层次或是提升技能水平，以满足不断变化的市场需求，长期处于优势地位。

模块二　学技能，就业有实力

任务一　学技能，三年早知道

今天，你走进了大学校园，你是一名大学生，你选择了生物制药技术这个专业，对这个专业了解多少呢？大学三年时间，将如何在这"小天地"度过你的大学生活，你又将在哪些方面有所长进，下面的内容或许能使你眼前一亮，或许会让你早知道。只有早知道，才能早准备；只有早知道，才能早预防；只有早知道，才能早奋斗。

一、生物制药技术专业概况

生物制药技术专业的专业代码是530302，在高等职业教育专业分类中属于生化与药品大类中的生物技术类。

（一）国内本专业开办情况

生物制药技术专业在全国各省范围均有多家高职院校有招生资格，如黑龙江省有8所高职院校有生物制药技术专业招生资格，仅天津地区就有3所高职院校有生物制药技术专业招生资格（表2-1）。

表2-1　天津地区开办生物制药技术专业的高职院校

1	天津职业大学
2	天津生物工程职业技术学院
3	天津现代职业技术学院

　　天津职业大学生物制药技术专业是天津地区开办最早的学院，该专业隶属于生物与环境工程学院；学制三年。主要培养具有药品及生物产品生产、经营管理的基础知识、较强的实践技能，熟悉生物制药基本技术，能从事生物制药生产工艺、质量监控、技术改造和生产经营的高素质技能型人才。主要课程包括生物化学及生物制药技术、发酵提取制药技术与操作、药物及中间体合成、药物制剂技术与操作、药物分析技术与操作、医药基础和医药商品学等。就业：可在制药厂、医药公司、生物技术产品类公司、药品零售店及药品监督管理部门从事生产、销售、检测分析和技术管理等工作。

　　天津生物工程职业技术学院生物制药技术专业 2006 年招生，秉承职业教育的理念，紧紧围绕培养适应地方、行业、企业经济发展需要，生物医药发展需要的高素质技能型人才的培养目标；以提高教学质量为工作中心；以培养和提高学生的综合素质和岗位职业技能为工作重点；坚持以服务为宗旨，以就业为导向；以加强学生的实践能力和职业技能的培养为核心；不断探索工学结合、校企合作的新模式，努力将学生培养成为德、智、体、美全面发展，有道德、有理想、企业留得住、用得上、上手快、技术精、能力强、后劲足、就业有实力、创业有能力、转岗有潜力的高素质技能型专门人才。

　　生物制药技术是该学院重点专业，该专业在校学生多人，教师实力强，有多名副教授以上高级职称教师，并有全国职业技能大赛国家级考评员及双师型教师多人。

　　生物制药技术专业的学生在 2009 年全国生物职业技能大赛中取得了个人一等奖和团体二等奖，在 2010 年全国生物职业技能大赛中获得二等奖和团体三等奖。近年来，教师主编、参编全国医药高职规划教材，在国家级和省市级专业刊物上发表论文数余篇，完成教育部教研课题及天津市教委重点调研课题多项。

　　生物制药技术专业所在的生物技术系拥有（校内）生物制药实训基地、发酵制药技术实训基地、生物制药技术实训室、微生物净化实训室等校内实训基地，同时与天津华立达有限生物工程公司、天津市生物化学制药厂、天津金耀集团有限公司、天津昂赛细胞基因工程有限公司等校外实训基地，其中生物制药实训基地校内实训基地为中央财政支持的实训基地，天津市生物化学制药厂为天津市教委批准的天津市职业教育实训基地。校内外实训基地的建设为学生职业技能的培养提供了有利的保障，实现了学校教育与企业需求零距离对接，毕业生就业一直保持在95%以上。

天津现代职业技术学院生物制药技术专业，培养具有掌握生物制药技术专业必需的基础理论知识和基本技能，可在制药、生化企业和医药管理部门从事生物药物生产工艺、质量控制、技术改造和生产设备维护等工作的高端技能型人才。①具有抗生素、氨基酸、蛋白质、酶类、多糖、脂类、核酸等生产的技能。②具有生物药物分析与检验技能。③具有发酵、分离和纯化设备维护修理能力。④计算机操作达到国家教委一级水平。⑤提取工、分离纯化工、制剂工、化学检验工职业技能证书。主要课程：药理学、药剂学、药物化学、药物分析、发酵工程概论、药物分离技术、化学制药工艺、生物制药工艺、药事管理及法规、制药企业管理概论、制药机械维修技术等。

（二）生物制药技术专业培养目标

培养德、智、技、体全面发展，适应现代化生物药物生产一线岗位需要，掌握生物药物的生产、质量控制、设备维护等所必需的实践操作技能和基本理论知识，具有良好的职业素质和文化修养，在学期间可取得人力资源与社会劳动保障部颁发的酶制剂制造工，发酵工程制药工以及医药购销员中级、高级职业资格证书，毕业后面向全国各大医药集团，如华立达集团等大型医药集团及生物工程公司、生物化学制药有限公司等国内知名医药企业，从事生物药物生产、质量检测、生物药物研发助理、生物药物经营等工作；经过专业拓展学习还可以从事生物农药、化学制药及制剂的生产、质量检测及经营等工作的高素质技能型专门人才。

（三）人才培养规格

1. 基本要求

（1）德　应达到政治合格、信仰坚定、报效祖国，具有无私奉献的精神和艰苦奋斗的作风；具有敬业爱岗、热爱劳动、遵纪守法、团结合作的品质；具有良好的思想品德、社会公德和职业道德。

（2）智 应具有一定的人文社会科学和自然科学基本理论知识，掌握本专业的基础知识、基本理论、基本技能，具有独立获取知识、提出问题、分析问题和解决问题的基本能力及开拓创新的精神，具备一定的从事本专业业务工作的能力和适应相邻专业业务工作的基本能力与素质。

（3）技 毕业生具有独立进行生物药物生产，生产设备的操作、维护和保养等工作的能力；具有安全、质量、工艺、技术及企业管理等能力；具有对某一具体工艺及设备的技术改造能力。具有新设备、新技术、新工艺的应用能力。

（4）体 应具有一定的体育和军事基本知识及卫生保健知识，掌握科学锻炼身体的基本技能，养成良好的体育锻炼与卫生习惯，达到国家规定的大学生体育和军事训练合格标准，具备健全的心理和健康的体魄，能够履行建设祖国和保卫祖国的神圣义务。

2. 知识技能要求

（1）具有生物药物生产及车间管理知识。

（2）具有本专业高等职业技术技能型专门人才所必需的基础理论知识和人文知识。

（3）具有本专业所必需的公共英语知识和专业英语知识。

（4）具有计算机应用的基本知识。

（5）具有本专业所必需的化学基础知识。

（6）具有与本专业相关的微生物与生化知识。

（7）具有本专业所必需的生物制药设备使用与维护知识。

（8）具有与本专业相关的药物质量控制知识。

（9）具有文献检索、相关法律法规、安全生产等基本知识。

3. 就业岗位要求

（1）具有生物药物生产与技术保障能力。

（2）具有专业岗位工作需要的语言及文字表达能力。

（3）具有英语阅读能力，能够阅读本专业一般英文资料，并达到国家英语三级水平。

（4）具有计算机应用能力，并达到国家计算机二级水平。

（5）具有常用生物药物设备使用与维护能力。

（6）具有质量监测与控制能力。

（7）懂得常用仪器的使用方法，能熟练地进行基础化学实验、生物药物实验，具有良好的实践操作技能。

（8）能利用本专业理论和技能解决岗位的技术问题。

（9）具有事故防范、评价、救助和处理能力。

（10）具有获取及应用本专业新设备、新技术、新工艺等信息的能力。

4. 素质要求

（1）思想道德素质　热爱祖国，拥护党的基本路线、方针政策。有民主和法制观念和公民意识，遵纪守法；有理想，有道德，有文化，有纪律；有为人民服务，艰苦奋斗，实干创业的精神；树立科学的世界观和方法论，有正确的人生观和世界观、价值观；具有良好的团队精神，善于团结合作；具有良好的社会公德和职业道德，爱职、爱岗、敬业。

（2）科学文化素质　具有高职人才必备的科学素养和文化修养；有联系实际、实事求是的科学态度；具有遵章守纪、按章办事的习惯；尊重自己、尊重他人、尊重科学；具有较强的自学能力、知识自我更新能力和适应岗位变化的能力。

（3）专业素质　具有本专业必需的专业素养、热爱专业工作；对岗位工作任务具有较强领悟性；能迅速分析、解决本专业工程实际问题；能创造性地开展专业工作。

（4）身体心理素质　具备自我认识自我锻炼的意识，具备良好的习惯；掌握科学锻炼身体的基本技能，达到国家大学生体育合格标准，身体健康；热爱生活、热爱集体、热爱工作、与人相处好。

（四）职业资格证书

本专业实行学历证书与职业资格证书并重的"双证书"制度，强化学生职业能力的培养，依照国家职业分类标准，要求学生获得对其就业有实际帮助的职业资格证书（中级/高级）。学生应至少获得其中一种职业资格证书，方能毕业。具体工种可参见表2-2。

表2-2 部分职业资格证书一览表

序号	职业资格证书名称	等级要求
1	酶制剂制造工	中级/高级
2	菌种培育工	中级/高级
3	发酵工程制药工	中级/高级
4	微生物检定工	中级/高级
5	医药商品购销员	中级/高级

本专业在教学过程中应将岗位技能培训与考核的内容融于日常的教学中，第五、六学期分别进行中、高级工的考核。理论知识考试采用闭卷笔试或口试方式，技能操作考核采用现场实际操作方式；顶岗实习报告（论文）采用审评方式。考试成绩均实行百分制，成绩达60分为合格。

取得证书方式：由国家人力资源和社会保障部职业技能鉴定中心统一考试和颁发相应的中级/高级职业证书。

（五）双带头人制度

为有效解决专业与社会需求对接问题，提高专业建设的自觉性、科学性，生物制药技术专业实行双带头人制度，除配备专职教师担任专业带头人外，另聘请1名企业高级工程师担任专业带头人。

企业专业带头人的职责包括全程参与专业的申报、备案和专业建设和教学改革过程，包括课程体系的构建，课程设置、教材建设以及校内实训基地的建设指导，校外实训基地的建设等。

同时，专业从与学院结合紧密的行业、企业聘请了生产一线技术和管理人员，承担实践技能课程和一部分选修课程，充实了教学队伍，很好的满足了本专业的教学需要。

二、岗位能力分析与课程体系

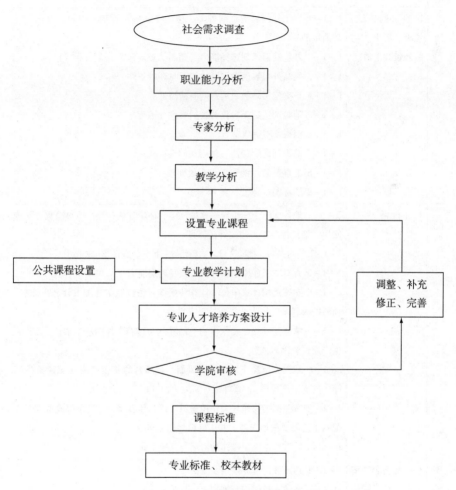

图 2-1　教学标准制定工作路线图

（一）生物制药技术专业职业岗位能力分析

深入知名企业重点生物药物生产一线调研，与企业专业带头人和专家一起对各岗位群的典型工作任务和核心能力要求进行了总结归纳和整理，并引入行业的技术标准与规范（《中华人民共和国工人技术等级标准（医药行业）》），参考了酶制剂制造工和发酵工程制药工的技术等级标准，进行了职业岗位（群）典型任务与核心能力的分析。

表 2-3 生物制药技术专业（干扰素）岗位群工作任务分析表

岗位	任务	专项能力
1 外清室	1-1（物料进、垃圾、废出）物料外包装清洁	1-1-1 识记外包装消毒剂种类、特性（高效消毒剂、中效消毒剂、低效消毒剂） 1-1-2 外包装消毒剂选择能力（塑料、玻璃制品、金属器械） 1-1-3 判断外包装消毒剂酒精使用时环境条件 1-1-4 正确使用外包装消毒剂酒精消毒 1-1-5 消毒剂达到无害化的制剂要求（浓度） 1-1-6 消毒剂对健康危害 1-1-7 消毒剂危险特性（使用和储存） 1-1-8 消毒剂"原液"贮存有效期限 1-1-9 消毒剂"原液"稀释方法
2 配液室	2-1 配料	2-1-1 地秤、电子分析天平称量范围、称量方法；计算原料净重。熟练使用、维护保养本工序的计量器具 2-1-2 核对品名、批准文号、物料代码、批号、数量及包装情况 2-1-3 有对本工序原辅料外观、质量判别能力 2-1-4 熟练运用计量单位、计算和换算方法按照工艺配方计算出原料、辅料的投料量；按生产指令核对投料量 2-1-5 掌握基础化学、微生物、培养基与培养条件的基本知识；《药品生产质量管理规范》 2-1-6 掌握无菌操作规程；通风橱、超净台的使用范围（无菌条件下操作的清洁度要求）；紫外线灯照射灭菌（时间、方法） 2-1-7 按照标准操作规程使用配料罐或其他容器、输送泵等设备或器皿配制工艺需要的培养基；并正确填写原始记录 2-1-8 能进行本岗位操作的清场与灭菌工作
3 清洗室	3-1 培养器皿清消毒灭菌；配料（原液）灭菌	3-1-1 超声波清洗器使用及维护 3-1-2 超纯水机使用及维护 3-1-3 高压蒸汽灭菌器使用及维护 3-1-4 干热、湿热灭菌适用的器皿及物料及灭菌温度与时间 3-1-5 掌握脉动真空灭菌柜（双门）的基本功能、正确调控脉动真空灭菌柜（双门）的控制系统（PLC＋触摸屏系统）。保证控制系统运行稳定、控温精确，并有完善的灭菌记录操作 3-1-6 能按照标准操作规程进行灭菌操作并正确填写原始记录 3-1-7 洗涤、维护设备，处理故障

续表

岗位	任务	专项能力
	3-2 菌种保藏与复苏	3-2-1 菌种保藏室管理制度（专人专管）及中国微生物菌种保藏管理条例；菌种保藏原理认知
		3-2-2 菌种各保藏法的应用范围及优缺点；国内外主要菌种保藏机构
		3-2-3 常用菌种保藏技术操作；菌种斜面低温保藏法操作，菌种的复苏操作
		3-2-4 采用微生物方法培养、制备各级生产菌种，复壮、选育优质高产生产菌株
		3-2-5 恒温摇床、超净工作台（双人双面）、真空泵、低速台式离心机控制参数设定及操作要点
		3-2-6 能按照标准操作规程进行种子制备操作和种子质量控制，并正确填写原始记录
4 发酵室	4-1 发酵	4-1-1 发酵罐标准化数字控制单元的控制参数设定
		4-1-2 发酵罐在位灭菌
		4-1-3 发酵参数控制；操作发酵设备和控制仪器、仪表，根据发酵代谢指标适当调节发酵工艺条件，完成发酵过程
		4-1-4 发酵染菌防治与处理
		4-1-5 接种技术；接种工具；常用的接种方法；斜面接种方法操作要点；液体接种方法操作要点
		4-1-6 实时质量监控
		4-1-7 小型微机控制发酵罐（10L）、紫外-可见分光光度计、六碟抑菌圈测量仪、配套的无油空压机、纯蒸汽发生器、中试级二级发酵系统的操作
		4-1-8 能按照标准操作规程进行操作并正确填写原始记录
		4-1-9 洗涤、维护设备，处理故障
5 离心机室	5-1 预处理及固液分离技术	5-1-1 根据分离的要求选择适合的离心机
		5-1-2 掌握立式连续流离心机工作原理、设备组成、运行特性及操作
		5-1-3 使用固液分离设备进行发酵液或浸提液的固液分离
		5-1-4 能按照标准操作规程进行操作并正确填写原始记录
		5-1-5 洗涤、维护设备，处理故障
6 纯化岗	6-1 层析	6-1-1 使用溶剂、交换树脂等进行有效药用成分的提取、纯化
		6-1-2 阳离子、阴离子交换树脂层析操作
		6-1-3 阳、阴离子交换树脂的区别与用法
		6-1-4 能按照标准操作规程进行操作并正确填写原始记录
		6-1-5 洗涤、维护设备，处理故障
7 制剂岗	注射液	药剂专业完成

表2-4　国家职业资格标准对比

发酵工		酶制剂工	
职业功能	工作内容	职业功能	工作内容
1. 配料	1-1 培养基配制	1. 培菌	1-1 制备菌种
	1-2 设备或器皿		1-2 粉碎原料
			1-3 消毒灭菌
2. 消毒、灭菌；	2-1 消毒锅或消毒柜	2. 发酵	2-1 控制正常发酵
	2-2 培养基、压缩空气灭菌		2-2 添加沉淀剂、絮凝剂、调整 pH 值，沉降固形物
3. 菌种培养复壮	3-1 生产菌种	3. 提取	3-1 物料液固分离
	3-1 复壮、选育菌株		
4. 发酵	4-1 操作发酵设备		
	4-2 完成发酵过程		3-2 物料浓缩
5. 固液分离、纯化	5-1 固液分离设备		
	5-2 提取、纯化		
6. 制剂		4. 酶制剂	

（二）生物制药技术专业人才培养模式

1. 优化教学内容和课程结构

（1）优化专业基础课程，形成学生的基本知识结构。专业基础课主要培养学生的专业理论素质，夯实专业基础。必须对原来的课程内容进行优化。具体来说有三：一是精简课程内容，每门课都要根据对本领域最新知识结构的分析来设计课程体系与教学内容，确定教学重点和难点，强化核心内容；二是优化课程结构，改变过去按照学科发展过程来考虑课程体系的做法，应按照学科发展的当下高度来考虑学科基础与设计课程内容体系，使课程在实践中最大限度地发挥作用；三是整合各课程之间的内容，避免内容交叉重复，通过专业基础课的学习，使学生能把握生物制药技术专业的基本知识结构，形成生物制药技术专业领域分析问题与解决问题的能力，能不断地在该领域中把握、探究新知识。

（2）强化技能课程，促使学生形成本专业的应用能力。专业技能课程的系统设置与强化，是实现培养本专业技能型人才目标的基本保证。我们设计若干技能课程，形成本专业课程的技能模块，通过系统的技能课程的设置，以保证学生在校三年能够获得将来从事生物制药技术的应用能力，成为生物制药技术专业的技能型人才。

2. 及时调整人才培养目标

就高职层次的生物制药技术专业人才培养目标而言，要以适应社会需要，毕业后能够顺利就业为明确导向，强调着重培养善于学习、应变和技能的人才。同时，它应能顺应社会的需要，并紧密联系我国和各地区生物制药行业发展对生物制药人才需求的客观实际，因时制宜，及时调整。

21 世纪以来，生物制药行业新技术新成果不断涌现，行业发展日新月异，其对生物制药技术人才的需求不断发生变化。针对新形势下对生物制药技术人才要求的新变化，生物制药专业高职教育技术人才培养目标的调整必须更具有超前性，生物制药技术专业高职教育应当为社会培养大批德才兼备，具备扎实的生物制药理论基础，掌握生物制药技术核心能力，有较强的实际工作能力，富有开拓创新和进取精神，适应我国生物制药产业发展所需要的高素质技能型专门人才。

3. 创新生物制药技术专业的人才培养模式

生物制药人才培养模式的确定，应以生物制药人才的培养目标为基本依据，而这一点又应该是建立在对生物制药人才的需求和供给的全面和客观分析的基础之上。通过分析，了解哪些部门需要生物制药人才，这些部门需要什么样的生物制药人才。通过分析，了解其他高职院校校生物制药学专业的专业特色和培养模式，了解来自于与生物制药学相邻近的学科和专业的挑战，全面和客观分析生物制药人才的需求和供给，有利于确定符合高职院校实际的生物制药人才培养模式。

4. 强化实践环节，培养学生应用能力

根据生物制药专业不同专业方向的要求，形成顶岗实习、实验、综合实训的教学实践体系。

（1）组织"顶岗"专业实习，使学生能够实习和就业接续。学生的专业实习拟安排在第三学年，时间是二个学期。从实习接受单位的要求来看，他们往往把接受实习和考察用人结合在一起，顶岗实习成了专业实习的特殊方式。它的优点是实习生特别认真，因为这种实习是把实践活动与职业生涯紧密地联系在一起，实习生的应用能力、现实表现决定了他的去留。它的不足是用人单位的不同要求与专业设计的科学标准有一定的差别。因此，专业实习必须制定统一的要求与考核程序，并与实习单位交流沟通，学生在毕业前必须完成专业实习的程序并考核及格方可毕业。

（2）以实验实训为推力，使学生形成系统的教学实践能力。以生物制药的职业岗位群对人才素质的要求为依据，重构实训课程体系、重组课程内容。改革教学内容和改进教学方法，将实训课变成模拟的实际工作岗位，让学生在实训课上能够体验到实际工作的情况，学生学习的目的性就更强，在学校就能锻炼工作能力，另外，重视学生创新能力的培养，制定相关的激励、扶持政策，积极发动学生参与教师的课题研究和专业建设活动。组织学生参加全国生物职业技能竞赛，力争在竞赛中取得好的成绩。

5. 制定科学的测评方案，严把质量关口

为了保证生物制药技能型人才的培养，首先，在学生应用技能的培养方面可制定和完善测评方案，按照各门课程课程标准的要求，制定专业测评方案。完善专业实习鉴定考核方案，分项分级测评，树立导向标杆，使学生实践能力的培训落到实处，见到实效。其次，严把质量关口。包括每门课程的常规考试和考查、专业技能过关考核、专业实习鉴定考核。

表2-5　岗位工作、职业标准、课程设置对照汇总表

依据工作任务分析的条目	依据职业资格标准分析的条目	岗位核心能力	与岗位能力对接的核心课程、核心技能课程学习包	综合实训课程学习包	专业拓展课程学习包
3-1 培养器皿清洗与消毒灭菌；配料（原液）灭菌 3-2 菌种保藏复苏	1-1 制备菌种 1-3 消毒灭菌 2-1 消毒锅或消毒柜 3-1 生产菌种 3-1 复壮、选育菌株	微生物人工培养技术、菌种的选育及保藏	1. 药用微生物技术	1. 发酵工程制药岗位综合实训	1. 药品营销
3-1 培养器皿清洗与消毒灭菌；配料（原液）灭菌 3-2 菌种保藏复苏 4-1 发酵 5-1 发酵液预处理、固液分离； 6-1 层析	1-1 制备菌种； 1-2 粉碎原料， 1-3 消毒灭菌 3-1 物料液固分离	研究生物体的化学组成、代谢、营养、酶功能、遗传信息传递、生物膜、细胞结构及分子病的技术	2. 医药基础	2. 酶制剂制造岗位综合实训	
-1 培养器皿清洗与消毒灭菌；配料（原液）灭菌 3-2 菌种保藏复苏 4-1 发酵 5-1 发酵液预处理、固液分离；	1-1 培养基配制 1-2 设备或器皿 2-1 消毒锅或消毒柜 2-2 培养基、压缩空气灭菌 3-1 生产菌种 3-1 复壮、选育菌株 4-1 操作发酵设备 4-2 完成发酵过程 5-1 固液分离设备	分子水平研究生物大分子的结构与功能的技术	3. 分子生物学基础及应用技术		
4-1 发酵	2-1 控制正常发酵； 2-2 添加沉淀剂、絮凝剂、调整 pH 值，沉降固形物； 4-1 操作发酵设备 4-2 完成发酵过程	工程菌进行培养（微生物发酵）	1. 发酵制药技术		2. 生物药物分析
2-1 配料 3-1 培养器皿清洗与消毒灭菌；配料（原液）灭菌 3-2 菌种保藏复苏 4-1 发酵 5-1 发酵液预处理、固液分离 6-1 层析	1-2 设备或器皿 1-2 粉碎原料 2-1 消毒锅或消毒柜 4-1 操作发酵设备 5-1 固液分离设备	生产线关键设备和工艺生产服务系统设备的原理、结构功能、操作以及验证技术	2. 生物制药设备操作技术		3. 文献检索

续表

依据工作任务分析的条目	依据职业资格标准分析的条目	岗位核心能力	与岗位能力对接的核心课程、核心技能课程学习包	综合实训课程学习包	专业拓展课程学习包
1-1 物料进车间，垃圾、废出车间物料外包装清洁 2-1 配料 3-1 培养器皿清洗与消毒灭菌；配料（原液）灭菌 3-2 菌种保藏复苏 4-1 发酵 5-1 发酵液预处理、固液分离； 6-1 层析	1-1 制备菌种； 1-2 粉碎原料， 1-3 消毒灭菌 2-1 控制正常发酵； 2-2 添加沉淀剂、絮凝剂、调整 pH 值，沉降固形物； 3-1 物料液固分离 3-2 物料浓缩；	生物工程实用技术生产制备生物药	3. 生物制药技术	4. 公共关系	
制剂	制剂	制剂	4. 药物制剂技术		

表2-6　课程方案及知识、能力、职业素养目标

序号	课程包		学习领域	知识、能力、职业素养目标
1	职业基础课程学习包	学院公共基础课	1. 军训	吃苦耐劳的坚强意志和品质
			2. 专业入门教育	认识专业相关行业背景及发展和职业的岗位职责
			3. 大学生心理健康	正确处理各种人际关系，学会合作与竞争，培养职业兴趣，提高应对挫折、求职就业、适应社会的能力
			4. 英语	以应用为目的，实用为主，够用为度"
			5. 体育	人人享有体育，人人都有进步，人人拥有健康
			6. 计算机应用技术	利用计算机分析问题、解决问题的意识与能力
			7. 医药行业职业道德与就业指导	学会做人、学会做事
			8. 社会实践	对未来能在所任职的岗位上发挥青年才智具有重大推动作用
			9. 医药行业安全规范	安全生产的意识及安全防护和急救技能
			10. 医药行业卫生学基础	制药环境、车间、工艺、个人卫生进行管理
			11. 医药行业法律与法规	医药行业的各类法律法规
			12. 药用基础化学	知识目标：基础化学基本理论 能力目标：试剂配制及分析 职业素养：细心

续表

序号	课程包	学习领域	知识、能力、职业素养目标
2	职业核心课程学习包	1. 药用微生物技术	知识目标：微生物培养基本理论 能力目标：培养技术 素质目标：严谨；环保
		2. 医药基础	知识目标：生物化学、生理解剖基本知识 能力目标：蛋白质、核酸分离、鉴定技术 职业素养：细致，钻研
		3. 分子生物学基础及应用技术	知识目标：基因分离和基因扩增基本理论 能力目标：基因、细胞、菌种分离 素质目标：耐心
3	职业核心技能课程学习包	1. 发酵制药技术	知识目标：发酵基本知识 能力目标：发酵技术 素质目标：毅力；环保
		2. 生物制药设备操作技术	知识目标：生物制药设备的工作原理、操作特性 能力目标：岗位制药设备操作 职业素养：严谨
		3. 生物制药技术	知识目标：生物制药基本知识 能力目标：DNA 重组技术 职业素养：严谨；环保
		4. 药物制剂技术	知识目标：药物制剂基本知识 能力目标：注射液制备技术 职业素养：诚信
4	综合实训顶岗实习课程学习包	1. 发酵工程制药岗位综合实训	发酵工程制药高级工全部工作流程、操作技能
		2. 酶制剂制造岗位综合实训	酶制剂制造高级工全部工作流程、操作技能
		3. 顶岗实习	生物制药综合技术训练

续表

序号	课程包	学习领域	知识、能力、职业素养目标
5	专业拓展课程学习包	1. 药品营销	知识目标：具有管理学、经济学、药学基本知识 能力目标：市场营销技能 职业素养：开拓；进取
		2. 生物药物分析	知识目标：药物分析的各种分析的原理 能力目标：药物质量控制技术 职业素养：严谨；环保
		3. 文献检索	知识目标：现代检索方式进行信息检索基本知识 能力目标：计算机信息检索技术 职业素养：严谨；
		4. 公共关系	知识目标：沟通与传播基本知识 能力目标：传播手段、双向交流技术 职业素养：严谨细致

三、学期安排、课程学习与技能提高

（一）学期安排

1. 第 1、2 学期

完成公共基础模块的教学。基础课程以"必需、够用"为度，以基本技能培养为目的，分为学院公共基础课、行业公共基础课和专业基础课，使学生具备较强学习能力和接受新技术的能力。依托校内外实训基地，通过企业认知实习，为培养学生生物实验技术应用能力打基础。

第一学年的课程主要集中在公共基础模块，分为学院公共基础课程和行业公共基础课程。

学院公共基础课程主要有：大学生心理健康、毛泽东思想和中国特色社会主义理论体系概论英语、计算机基础、体育、医药行业职业道德与就业指导、医药行业社会实践等课程。学院公共基础课程的设置主要是使学生掌握大学生基本具有的基本能力和职业素养。

行业公共基础课程主要有：医药行业安全规范、医药行业卫生学基础、医药行业法律与法规。通过这些课程的学习，应掌握进入本行业应该具备的基本职业知识、能力和职业素养。

专业基础课程在第 1 学期会开设无机及有机化学和分析化学，第 2 学期开设医药基础。

2. 第 3、4 学期

完成专业技术模块的学习，采校内实训与校外实训相结合、校内一体化教室和校外企业实验室相结合、校外实训和校内学做一体分阶段交替进行的方式，完成生物制药、发酵制药、药物制剂岗位职业能力的培养。

第二学年的专业技术模块课程分为专业基础课和专业核心课。专业基础课有：药用微生物技术、分子生物学基础及应用技术和制药设备操作技术。专业核心课有：生物制药工艺、发酵制药技术、药物制剂技术。

3. 第 5、6 学期

通过综合实训课程的学习，顶岗实习与就业岗位相结合，在对口岗位强化对生物制药生产能力的培养，实现专业教学与企业生产融合。教师与学生参与企业研发过程，企业技术骨干参与人才培养过程，学校老师和企业工程技术人员对学生共同指导、管理和考核，将诚信教育、爱岗敬业等职业道德与素质教育融入人才培养过程。

（二）主要课程简介

1. 行业公共基础课

（1）医药行业安全规范　本课程教学内容包括医药行业防火防爆防毒安全生产管理、医药行业电气安全管理和医药行业职工健康保护三方面的知识。通过本教材的学习，学生可以提高安全生产的意识并具备一定的安全防护和急救技能。

（2）医药行业卫生学基础　本课程教学内容包括微生物基础知识、药品生产过程中卫生管理知识和要求、药品制造车间的洁净区作业知识以及医药行业常用的消毒灭菌技术。通过本课程的学习，使学生掌握 GMP 对制药卫生的具体要求和基本技能并具备药品生产企业的生产和卫生管理等能力；使学生具备运用消毒和灭菌技术对制药环境、车间、工艺、个人卫生进行管理的能力；培养学生养成遵纪守法、善于与人沟通合作、求实敬业的良好职业素质。

（3）医药行业法律与法规 本课程面向全院各专业，采用宽基础，活模块的形式，教学内容包括基础项目和选学项目，通过本课程基础项目的学习使学生了解我国药事管理的体制和基本知识，同时使学生了解我国医药行业的各类法律法规，并重点了解《药品生产质量管理规范（GMP）》、《中药材生产质量管理规范（GAP）》、《药物非临床研究质量管理规范》（GLP）、《药品经营质量管理规范》（GSP）。学生可根据专业需要选择相应的选学项目进行学习，有针对性地对《药品生产质量管理规范（GMP）》、《药物非临床研究质量管理规范》（GLP）、《药品经营质量管理规范》（GSP）进行系统的学习，为从事医药行业的各项药事工作奠定基础。

（4）医药行业职业道德与就业指导 本课程教学内容包括医药行业企业认知、职业道德基本规范、医药行业职业道德规范及修养、职业生涯规划设计、中外大学生职业生涯规划对比、树立正确的就业观、求职准备、就业有关制度法律等内容。通过认知医药行业企业的特点、强化医药行业职业道德规范的重要性，正确教育和引导学生职业生涯发展的自主意识，树立正确的择业观、就业观，促使大学生理性地规划自身未来，促进学生知识、能力、人格协调发展，达到学会做人、学会做事，把不断实现自身价值，与为国家和社会做出贡献统一起来。

（5）医药行业社会实践 本课程教学内容包括大学生社会实践概论、大学生社会实践类型及组织、大学生社会实践设计、大学生社会实践的常识和方法、大学生社会实践常用之书五个项目，为突出学生实践技能的培养与锻炼，每个项目都安排了实际演练题目，使大学生不仅掌握实践理论知识，更懂得如何将理论付诸实践。

大学生参加社会实践活动能够促进他们对社会的了解，提高自身对经济和社会发展现状的认识，实现书本知识和实践知识的更好结合，帮助其树立正确的世界观、人生观和价值观。也对未来能在所任职的岗位上发挥青年才智具有重大推动作用。为此在学生未正式走上工作岗位之前，对学生进行社会实践教育是非常重要的。

2. 专业课

（1）专业核心基础课程

①药用基础化学（无机、有机、分析）　本课程主要讨论无机化学、分析化学、有机化学的基本原理及有关基本操作技术，滴定分析并简介仪器分析有关内容。通过本课程的学习，研究有机化合物的来源，制备，结构性能。应用以及理论和方法，对于人们认识复杂的生命现象，控制遗传，征服顽症等都有重要作用。

②药用微生物技术　学习常用清洗、包扎技术；消毒与灭菌技术；镜检技术；染色技术；接种、分离、培养技术；微生物分布测定技术；药物体外抗菌试验技术；药物的微生物学检查技术；中药霉变检查与防治技术；细菌生化检验技术；抗生素效价测定技术；微生物实训室常用仪器使用技术。

③医药基础（生物化学、生理解剖）　本学科是利用化学的理论与方法研究生命现象的科学，主要内容包括：脂类代谢，蛋白质的生物合成，物质代谢的相互联系和调节控制，蛋白质化学，蛋白质的酶促降解及氨基酸代谢，核酸化学，核酸代谢，糖代谢，生物氧化，酶，维生素和辅酶。

④分子生物学基础及应用技术　分子水平研究生命本质，核酸和蛋白质等生物大分子的结构及其在遗传信息和细胞信息传递中的作用。可以通过检测分子水平的线性结构（如核酸序列），来横向比较不同物种，同物种不同个体，同个体不同细胞或不同生理（病理）状态的差异。

⑤生物制药设备操作技术　生物制药中通用洁净厂房空气环境净化调节、自动控制与监视、生产线关键设备的原理、结构功能、操作以及验证技术等；阐述生物技术药物成分分离纯化所用的主流设备，包括细胞破碎、盐析沉降、离心与超速离心、层析、过滤与超滤、萃取和冷冻干燥设备操作，并介绍相关设备的验证原则。

（2）专业核心技术课程

①生物制药工艺　以现代生物技术即基因工程，细胞工程，酶工程和微生物发酵工程为主要手段来研究制造药物，是使学生掌握现代生物制药的基本知识，基本理论，基本技能。

②发酵制药技术　掌握微生物发酵制药过程中的培养基制备、菌种选育、种子制备和保藏以及生物合成、化学提炼和检定等，发酵工程药品生产各环节的基本原理和基本技能，掌握典型发酵药品的结构、理化性质及生产工艺过程，为学生进入生产岗位打下扎实基础。

③药物制剂技术　研究药物制剂的制备理论，生产技术，质量控制与合理应用等内容的综合应用技术学科，研究如何将药物制成适宜的剂型，以保证用质量优良，安全，有效，性质稳定的药剂满足医疗卫生的需要。

（3）岗位综合实训

①制剂制造岗位综合实训　目的：模拟实习是近毕业时就业上岗前的一次岗位工作模拟，通过实习使学员了解学院实训车间的布局、工作环境、工作纪律要求等，培养学生的职业意识，特别是 GMP 的要求和意识。通过职业模拟实习，使学生在就业上岗时能尽快适应工作环境，迅速进入角色。同时通过实习也使学员具体巩固以下几门课程的基本理论和技能、药物制剂技术、药物制剂设备和药物分析。

②发酵工程制药岗位综合实训　通过学习，熟悉生物药物的来源、化学组成、制造原理、技术路线、工艺过程和生产方法，知道实习药品的生理、生化作用。熟悉生物制药基本技术在实习药品生产全过程中的应用，并能提出问题。熟悉生物制药的主要设备的原理、作用及一般操作。了解实习药品生产车间的设计、GMP、主要设备布局、生产流程。了解改革、创新（尤其是技术改革与创新）实例。能提出合理的改进意见。

（4）顶岗实习

①实习目的：顶岗实习是实践教学中的重要环节之一，目的是使学生理论联系实际，加深对理论的理解，掌握生产与经营管理的方法。对生物制药公司等企业的生产、销售、管理等方面，进行实习，搜集资料，为撰写顶岗实习报告和毕业设计（论文）及就业打下基础。②实习内容：依据生物制药技术专业人才培养方案，按照三类不同的岗位，注重实际操作能力的训练。

表2-7　三类不同的岗位能力的训练

序号	岗位方向	具体岗位	实习内容
1	药物发酵生产	①菌种培育工 ②发酵工程制药工 ③发酵液提取工 ④发酵药品精制工	①微生物发酵菌种的制备、保藏、复壮、选育； ②生产培养基的灭菌接种、控制发酵工艺参数、无菌取样、观察菌体形态； ③预处理、提取、富集脱色、结晶； ④溶解、脱色、除菌过滤、结晶、洗涤、干燥
2	药物制剂生产	①药物配料制粒工 ②片剂压片工 ③片剂包衣工 ④注射剂罐封工 ⑤胶囊灌装工 ⑥制剂包装工	①粉碎、过筛、配料、混合、制粒、干燥、质量自检； ②压片机操作、冲模保管、质量自检； ③配料、包内底、包外衣、调色、打光、干燥、质量自检； ④操作灌装机、质量自检； ⑤选丸、开囊、灌装、扣盖、操作填充机、质量自检； ⑥分剂量装盒（瓶）、封口、贴签、印字、操作包装联动机
3	药物分析检验	①药物分析工 ②微生物检定工	①取样、仪器准备、理化检验、仪器检验、制剂检验、数据处理、记录与报告填写、侧后整理； ②培养基配制及灭菌、微生物限度检查、无菌检查、抗生素效价测定、空气菌落数检查
4	药品销售	①市场调研员 ②医药商品购销员	①市场调研、决策、写调研报告； ②销售方向及方式确定、销售实施、定价谈判、签订合同、售后服务

3. 选修课程：每模块选修1门课程

（1）人文素养模块（3门）

①大学生礼仪　本课程是为了普及大学生礼仪教育，践行基本的社会道德，增强社会竞争力而开设的一门公选课程。针对当代社会主流价值观对人才素质的需求标准，指导学生学习礼仪知识、掌握交往技巧、积累交往经验，介绍生活中礼仪和名人处世修身的轶事，从仪表、着装等方面指导大学生如何塑造良好的社交形象，通过礼仪教育，提高大学生的社交能力，增强大学生的社会心理承受能力，去塑造自身良好的形象，从而不断提高大学生的社会化程度。

②艺术欣赏　本课程的教学目的与任务是：坚持以马克思主义为指导，贯彻理论联系实际的原则，通过艺术知识的传授，特别是通过作品的

赏析，培养学生艺术欣赏能力，提高文化品位及学生的审美素质。教学内容包括艺术欣赏引论、建筑艺术欣赏、绘画艺术欣赏、雕塑艺术欣赏、工艺美术欣赏、书法艺术欣赏、音乐艺术欣赏、舞蹈艺术欣赏、戏剧艺术欣赏、戏曲艺术欣赏、摄影艺术欣赏、电影艺术欣赏等。

③应用文写作　本课程努力适应当今时代对语言交际能力的高效、便捷、严谨、实用的要求，注重"文面"与"人面"结合，在《应用写作》等课程的基础上，将事务文书、行政公文、专业文书与演讲实务等表达规范、能力训练有机整合，融入学生的专业体验。充分体现基础与应用衔接，通用与专业结合，事务与公务兼容；以语文写作为基础，以国家标准、专业规范为依据，以严谨、科学训练为手段，以优劣文案为参照，以实际应用为目的。

（2）专业发展模块（3门）

①生物技术概论　本课程全面介绍了现代生物技术的概念、原理、研究方法、发展方向及其应用领域。内容涉及基因工程、细胞工程、发酵工程、酶工程、蛋白质工程以及生物技术在农业、食品、医药、能源、环境保护等领域中的应用，同时还概要介绍了对生物技术发明创新的保护以及生物技术的安全性等。

②生物药品　主要依据中华人民共和国药典，选择性介绍了一些临床使用较多，在生物药品各类型中具有一定代表性的药品，同时也介绍了近期生物药品研发的一些新进展。重点要求学生掌握生物药品的概念及分类、常用生物药品的作用与用途、制剂规格、使用方法与注意事项、对生物药品的来源、保管养护等知识也作了简单的介绍。

③药用植物基础　学习药用植物的形态、内部构造、分类系统及方法的基础知识，常用药用植物及主要科属特征，标本采集、制作的基本方法，掌握鉴别植物器官形态和种类的能力，为进一步学习中药鉴定技术打下必要的基础。

（3）专业拓展模块（3门）

①药品营销　通过本课程的学习，使学生掌握医药市场营销和管理的基本理论、基本策略和基本技能，能对医药市场的营销环境进行分析，熟

悉医药商品营销的价格策略、营销渠道和医药市场的促销策略，学习医药市场营销决策和方法，以及进入国际市场的营销策略与方法。

②生物药物分析　运用各种有效方法和技术来研究和探索药物及其制剂质量控制的一般规律，阐述化学合成药物或化学结构明确的天然药物及其制剂的质量问题。掌握药物及其制剂分析技术的基本原理与基本方法，掌握我国药典收载的常见类型药物及其制剂的质量标准，能对药物的化学结构、理化特性与分析方法间的关系进行阐述；常见检测技术在药物分析工作中的应用。

③专业英语　该课程以化学、生物、药学、工程学等学科领域来设定专业词汇的语域构架，并按照学生所学课程顺序编排教学内容，如无机化学、有机化学、生物化学、分析化学、微生物学、分子生物学、生物信息学、药理学、药剂学、天然药物化学、发酵工程、分离工程及其设备、制剂生产等，并附有相关构词法、实验室常用仪器名称、相关专业术语以及相关专业文献如美国药典、药品说明书、文献检索、英文科技论文及化学文摘导读、英文摘要写作等知识的介绍。

（三）学习方法

从中学到大学，是人生的重大转折，大学生活的重要特点表现在：生活上要自理，管理上要自治，思想上要自我教育，学习上要求高度自觉。尤其是学习的内容、方法和要求上，比起中学的学习发生了很大的变化。要想真正学到知识和本领，除了继续发扬勤奋刻苦的学习精神外，还要适应大学的教学规律，掌握大学的学习特点，选择适合自己的学习方法。大学的学习既要求掌握比较深厚的基础理论和专业知识，还要求重视各种能力的培养。大学教育具有明显的职业定向性，要求大学生除了扎扎实实掌握书本知识之外，还要培养研究和解决问题的能力。因此，要特别注意自学能力的培养，学会独立地支配学习时间，自觉地、主动地、生动活泼地学习。还要注意思维能力、创造能力、组织管理能力、表达能力的培养，为将来适应社会工作打下良好的基础。

1. 大学学习的主动性特点

大学学习与中学学习截然不同的特点是依赖性的减少，代之以主动自觉地学习。大学教学的目的是培养德智体全面发展的社会主义事业建设者和接班人，教育的内容是既传授基础知识，又传授专业知识，教育的专业性很强，还要介绍本专业、本行业最新的前沿知识和技术发展状况。知识的深度和广度比中学要大为扩展。课堂教学往往是提纲挈领式的，教师在课堂上只讲难点、疑点、重点或者是教师最有心得的一部分，其余部分就要由学生自己去攻读、理解、掌握。大部分时间是留给学生自学的。因此，培养和提高自学能力，是大学生必须具备的本领。大学的学习不能像中学那样完全依赖教师的计划和安排，学生不能只单纯地接受课堂上的教学内容，必须充分发挥主观能动性，发挥自己在学习中的潜力。这种充分体现自主性的学习方式，将贯穿于大学学习的全过程，并反映在大学生活的各个方面。如学习的自主安排、学习内容和学习方法的自主选择等等。

自学能力的培养，是适应大学学习自主性特点的一个重要方面，每个大学生都要养成自学的习惯。正如钱伟长所说：一个人在大学四年里，能不能养成自学的习惯，学会自学的习惯，不但在很大程度上决定了他能否学好大学的课程，把知识真正学通、学活，而且影响到大学毕业以后，能否不断地吸收新的知识，进行创造性的工作，为国家作出更大的贡献。当今社会，知识更新越来越快，三年左右的时间人类的知识量就会翻一番，大学毕业了，不会自学或没能养成自学的本领，不会更新知识是不行的。因此，培养和提高自学能力，是大学生必须完成的一项重要任务，也是进行终身学习的基本条件。在学习方法的选择上，大学生更应发挥自主性，一般来说大学生学习活动的主要形式有四种：按教育大纲规定的课堂学习活动；补充课堂学习的自学活动；独立钻研的创造性活动；相互讨论、相互启发的学习活动。在各种不同的学习形式中，都要发挥学习的自主性，可根据自己的情况，选择适合于自己的最有效的学习方法。大学的学习，不再是去死记硬背老师所讲的内容，而是按照自己的学习目标和专业要求，选择、吸收有用的知识。在方法上要自主选择，靠自己去理解和消化所学的知识。

（1）要讲究读书的方法和艺术　大学学习不光是完成课堂教学的任务，更重要的是如何发挥自学的能力，在有限的时间里去充实自己，选择与学业及自己的兴趣有关的书籍来读是最好的办法。莎士比亚说："书籍是全世界的营养品，"培根也说："书籍是在时代的波涛中航行的思想之船，它小心翼翼地把珍贵的货物送给一代又一代。"学会在浩如烟海的书籍中，选取自己必读之书，就需要有读书的艺术。首先是确定读什么书，其次对确定要读的书进行分类，一般来讲可分为三类，第一类是浏览性质，第二是通读，第三是精读。正如"知识就是力量"的提出者培根所说：有些书可供一赏，有些书可以吞下，不多的几部书应当咀嚼消化。浏览可粗，通读要快，精读要精。这样就能在较短的时间里读很多书，既广泛地了解最新科学文化信息，又能深入研究重要理论知识，这是一种较好的读书方法。读书时还要做到如下两点：一是读思结合，读书要深入思考，不能浮光掠影，不求甚解。二是读书不唯书，不读死书，这样才能学到真知。

（2）做时间的主人，充分利用时间　大学期间，除了上课、睡觉和集体活动之外，其余的时间机动性很大，科学的安排好时间对成就学业是很重要的。吴晗在《学习集》中说："掌握所有空闲的时间加以妥善利用，一天即使学习一小时，一年就积累 365 小时，积零为整，时间就被征服了想成事业，必须珍惜时间"。首先，要安排好每日的作息时间表，哪段时间做什么，安排时要根据自己的身体和用脑习惯，在脑子最好用时干什么，脑子疲惫时安排干什么，做到既调整脑子休息，又能搞一些其他的诸如文体活动等。一旦安排好时间表，就要严格执行，切忌拖拉和随意改变，养成今日事今日做的习惯，千万不要等明日。我生待明日，万事成蹉跎。其次，要珍惜零星时间，大学生活越丰富多彩，时间切割得就越细，零星时间越多。华罗庚曾说：时间是由分秒积成的，善于利用零星时间的人，才会做出更大的成绩来？英国数学家科尔，1903 年因攻克一道 200 年无人攻破的数学难题而轰动世界，而他是用了近三年的星期天来完成的。

（3）完善知识结构，注意能力培养　所谓合理的知识结构，就是既有精深的专门知识，又有广博的知识面，具有事业发展实际需要的最合理、最优化的知识体系。李政道博士说："我是学物理的，不过我不专看物理书，还喜欢看杂七杂八的书。我认为，在年轻的时候，杂七杂八的书多看一些，头脑就能比较灵活。"大学生建立知识结构，一定要防止知识面过窄的单打一偏向。当然，建立合理的知识结构是一个复杂长期的过程，必须注意如下原则：①整体性原则，即专博相济，一专多通，广采百家为我所用。②层次性原则，即合理知识结构的建立，必须从低到高，在纵向联系中，划分基础层次、中间层次和最高层次，没有基础层次较高层次就会成为空中楼阁，没有高层次，则显示不出水平。因此任何层次都不能忽视。③比例性，即各种知识在顾全大局时，数量和质量之间合理配比。比例的原则应根据培养目标来定，成才方向不同知识结构的组成就不一样。④动态性原则，即所追求的知识结构决不应当处于僵化状态，而须是能够不断进行自我调节的动态结构。这是为适应科技发展知识更新、研究探索新的课题和领域、职业和工作变动等因素的需要，不然跟不上飞速发展的时代步伐。

范围很广，主要包括自学能力，操作能力，研究能力，表达能力，组织能力，社交能力，查阅资料、选择参考书的能力，创造能力等等。总之这些能力都是为将来在事业上奋飞作准备。正如爱因斯坦所说："高等教育必须重视培养学生具备会思考，探索问题的本领。人们解决世上的所有问题是用大脑的思维能力和智慧，而不是搬书本。"总之，凡是将来从事的工作所需要的能力和素质，必须高度重视，并在学习的过程中自觉认真地去培养。

2. 专业性与综合性相结合的特点

大学教育具有最明显的专业性特点。从报考大学的那一刻起，专业方向的选择就提到了考生面前，被录取上大学，专业方向就已经确定了。三年大学学习的内容都是围绕着这一大方向来安排的。大学的学习实际上是一种高层次的专业学习，这种专业性，是随着社会对本专业要求的变化和发展而不断深入的，知识不断更新，知识面也越来越宽。为适应当代科技发展的既高度分化，又高度综合的特点，这种专业性通常只能是一个大致的方向，而更具体、更细致的专业目标是在大学三年的学习过程中或是在将来走向社会后，才能最终确定下来。因此，大学在进行专业教育的同时，还要兼顾到适应科技发展特点和社会对人才综合性知识要求的特点，尽可能扩大综合性，以增强毕业后对社会工作的适应性。一般来讲，专业对口是相对的，不可能达到专业完全对口，这样，在大学期间除了要学好专业知识外，还应根据自己的能力、兴趣和爱好，选修或自学其他课程，扩大自己的知识面，为毕业后更好地适应工作打下良好的基础。

3. 全面发展和注重能力培养的特点

德、智、体全面发展是我国教育方针对学生提出的基本要求。全面发展的要求是以马克思对未来社会关于人才全面发展的学说为依据，结合我国社会主义建设对人才的需要所提出的。马克思认为：个人劳动能力的全面发展，即不仅要有良好的科学文化素质、身体素质、思想道德素质，而且还要有能妥善处理人际关系和适应社会变化的能力；个人的才能获得充分的多方面的发展，作到人尽其才，各显其能，社会要提供个人能力充分发展的环境。我国教育历来都强调德、识、才、学、体五个方面的全面发展，或简称为德才兼备。人才的五要素是一个统一的有机体，五个方面对人才的成长互相促进、相互制约，缺一不可。能力的培养是现代社会对大学教育提出的一个重大任务。知识再多，不会运用，也只能是一个知识库。"书呆子"。由于一些大学生存在高分低能的现象，使得大学生的能力的培养成为高等教育中十分重要的问题。获取知识和培养能力是人才成长的两个基本方面，它们的关系是相辅相成对立统一的。广博的知识积累，是培养和发挥能力的基础，而良好的能力又可以促进知识的掌握。人才的根本标志不在于积累了多少知识，而是看其是否具有利用知识进行创造的能力。创造能力体现了识、才、学等智能结构中诸要素的综合运用，大学生要想学有所成，将来在工作中有所发明、有所创造，对人类社会的进步有所贡献，就必须注意各种能力的培养。如科学研究能力、发明创造能力、捕捉信息的能力、组织管理的能力、社会活动的能力、仪器设备的操作能力、语言文字的表达能力等等。在当今世界激烈竞争中，最根本的是高科技竞争，而高科技的竞争则主要表现在人才的培养和能力的发挥上。大学教育从某种意义上讲，正是培养有知识、有能力的高科技人才的重要环节。这就要求大学生在校学习期间，必须在全面掌握专业知识和其他有关知识的基础上，加强专业技能的培养和智力的开发，在学习书本知识的过程中重视教学实践环节的锻炼和学习。要认真搞好专业实习和毕业设计，积极参加社会调查和生产实践活动，努力运用现代化科学知识和科学手段研究并解决社会发展和生产实践中的各种实际问题，克服在学习中存在的理论脱离实际和"高分低能"的不良倾向.

4. 掌握正确的学习方法

学习方法是提高学习效率，达到学习目的的手段。钱伟长曾对大学生说过：一个青年人不但要用功学习，而且要有好的科学的学习方法。要勤于思考，多想问题，不要靠死记硬背。学习方法对头，往往能收到事半功倍的成效。在大学学习中要把握住的几个主要环节是：预习、听课、复习、总结、记笔记、做作业、考试等，这些环节把握好了，就能为进一步获取知识打下良好的基础。

预习。这是掌握听课主动权的主要方法。预习中要把不理解的问题记下来，听课时增加求知的针对性。既节省学习时间，又能提高听课效率，是学习中非常重要的环节。听课记好笔记。上课时要集中精力，全神贯注，对老师强调的要点、难点和独到的见解，要认真作好笔记。课堂上力争弄懂老师所讲内容，经过认真思考，消化吸收，变成自己的东西。

复习和总结。课后及时复习，是巩固所学知识必不可少的一环。复习中要认真整理课堂笔记，对照课本和参考书，进行归纳和补充，并把多余的部分删掉，经过反复思考写出自己的心得和摘要。每过一个月或一个阶段要进行一次总结，以融会贯通所学知识，温故而知新，形成自己的思路，把握所学知识的来龙去脉，使所学知识更加完整系统。

做作业和考试。做作业是巩固消化知识，考试是检验对所学知识掌握的程度，他们都起到了及时找出薄弱环节，加以弥补的作用。做作业要举一反三，触类旁通，要养成良好习惯，对考试要有正确态度，不作弊，不单纯追求高分，要把考试作为检验自己学习效果和培养独立解决问题能力的演练，在学习中抓住这几个基本环节，进行思考，在理解的基础上进行记忆，及时注意消化和吸收。经过不断思考，不断消化，不断加深理解，这样得到的知识和能力才是扎实的。大学学习除了把握好以上主要环节之外，还要有目的地研究学习规律，选择适合自己特点的学习方法，提高获取知识的能力，具体说来，这些方法主要有：

（1）要制订科学的学习规划和计划　大学学习单凭勤奋和刻苦精神是远远不够的，只有掌握了学习规律，相应地制定出学习的规划和计划，才能有计划地逐步完成预定的学习目标。斯曾说过：没有规划的学习简直是荒唐的。可见严密的学习规划是完成学习任务的保证。首先要根据学校的教学人纲，从个人的实际出发，根据总目标的要求，从战略角度制定出基本规划。如设想在大学自己要达到的目标，达到什么样的知识结构，学完哪些科目，培养哪几种能力等。大学新生制定整体计划是困难的，最好请教本专业的老师和求教高年级同学。先制定好一年级的整体计划，经过一年的实践，待熟悉了大学的特点之后，再完善四年的整体规划。其次要制定阶段性具体计划，如一个学期、一个月或一周的安排，这种计划主要是根据入学后自己学习情况，适应程度，主要是学习的重点、学习时间的分配、学习方法如何调整、选择和使用什么教科书和参考书等。这种计划要遵照符合实际、切实可行、不断总结、适当调整的原则

（2）注重实践操作，加强操作的规范性　生物学是建立在实践基础上的科学，实践是生物学的一个基本特征。生物制药技术专业更是注重实验实训操作的一个专业。要想在本专业上有所建树，就必须有熟练和规范的实验实践操作技能。这样就要求同学们在今后的学习中不仅要重视每次的实验实训机会，多观察、多思考、多提问、多动手操作；而且要珍视每次到企业实习的经历，感受真实的工作环境，在做中学，在学中做，不断提高自己的专业技术水平和专业技能。通过实践，不仅能够帮助同学们加深基本理论知识的理解和掌握，而且能培养观察、思维能力、动手操作能力和创造能力。

另外，生物制药实验实训操作的规范性也是要重点注意的问题。生物制药实验实训往往都是规范化操作，加强操作的规范性有助于同学们知识的掌握和能力、情感态度与价值观的培养，有助于提高学习效率和实验安全。要做到规范的操作，首先要提前预习，将实验步骤由繁化简，再抓住每一步的关键，并在每个实验步骤中规范操作，这样才可以收到好的实验效果；其次，注意听老师讲如何做实验，看老师示范的过程；最后，要注

意实验过程的观察与分析，认真进行试验记录，总结和反思自己的实验操作过程和结果，并进行讨论。

生命科学是一个飞速发展的科学领域，也是建立在实验基础之上的科学领域。要想取得理想的学习效果，必须掌握科学的、高效的学习方法。

 知识链接

差　距

或许这再一次印证任何人每一次的成功背后都有不为人知的付出和汗水。

哈佛老师经常给学生这样的告诫：如果你想在进入社会后，在任何时候任何场合下都能得心应手并且得到应有的评价，那么你在哈佛的学习期间，就没有晒太阳的时间。

作为闻名于世的学府，哈佛大学培养了许多名人，他们中有33位诺贝尔奖获得者、7位美国总统以及各行各业的职业精英。究竟是什么使哈佛成为精英的摇篮？哈佛学子接受了什么样的精神和理念？这些问题吸引着成千上万的人去探知其中的答案。

图 2-1　哈佛图书馆

哈佛图书馆墙上的 20 条训言似乎已经给出了答案。短短数语，引发深思，给人启迪。

哈佛图书馆的二十条训言：

1. 此刻打盹，你将做梦；而此刻学习，你将圆梦。

This moment will nap, you will have a dream; But this moment study, you will interpret a dream.

2. 我荒废的今日，正是昨日殒身之人祈求的明日。

I leave uncultivated today, was precisely yesterday perishes tomorrow which person of the body implored.

3. 觉得为时已晚的时候，恰恰是最早的时候。

Thought is already is late, exactly is the earliest time.

4. 勿将今日之事拖到明日。

Not matter of the today will drag tomorrow.

5. 学习时的苦痛是暂时的，未学到的痛苦是终生的。

Time the study pain is temporary, has not learned the pain is life – long.

6. 学习这件事，不是缺乏时间，而是缺乏努力。

Studies this matter, not lacks the time, but is lacks diligently.

7. 幸福或许不排名次，但成功必排名次。

Perhaps happiness does not arrange the position, but succeeds must arrange the position.

8. 学习并不是人生的全部。但既然连人生的一部分——学习也无法征服，还能做什么呢？

The study certainly is not the life complete. But, since continually life part of – studies also is unable to conquer, what but also can make.

9. 请享受无法回避的痛苦。

Please enjoy the pain which is unable to avoid.

10. 只有比别人更早、更勤奋地努力，才能尝到成功的滋味。

Only has compared to the others early, diligently diligently, can feel the successful taste.

11. 谁也不能随随便便成功，它来自彻底的自我管理和毅力。

Nobody can casually succeed, it comes from the thorough self – control and the will.

12. 时间在流逝。

How time flies.

13. 现在流的口水，将成为明天的眼泪。

Now drips the saliva, will become tomorrow the tear.

14. 狗一样地学，绅士一样地玩。

The dog equally study, the gentleman equally plays.

15. 今天不走，明天要跑。

Today does not walk, will have to run tomorrow.

16. 投资未来的人，是忠于现实的人。

The investment future person will be, will be loyal to the reality person.

17. 受教育程度代表收入。

The education level represents the income.

18. 一天过完，不会再来。

One day, has not been able again to come.

19. 即使现在，对手也不停地翻动书页。

Even if the present, the match does not stop changes the page.

20. 没有艰辛，便无所获。

As not been difficult, then does not have attains.

此刻打盹，你将做梦；而此刻学习，你将圆梦。

哈佛老师经常给学生这样的告诫：如果你想在进入社会后，在任何时候任何场合下都能得心应手并且得到应有的评价，那么你在哈佛的学习期间，就没有晒太阳的时间。在哈佛广为流传的一句格言是"忙完秋收忙秋种，学习，学习，再学习。"

人的时间和精力都是有限的，所以，要利用时间抓紧学习，而不是将所有的业余时间都用来打瞌睡。

有的人会这样说："我只是在业余时间打盹而已，业余时间干吗把自已弄得那么紧张?"爱因斯坦就曾提出:"人的差异在于业余时间。"我的一位在哈佛任教的朋友也告诉我说,只要知道一个青年怎样度过他的业余时间,就能预言出这个青年的前程怎样。

20 世纪初,在数学界有这样一道难题,那就是 2 的 76 次方减去 1 的结果是不是人们所猜想的质数。很多科学家都在努力地攻克这一数学难关,但结果并不如愿。1903 年,在纽约的数学学会上,一位叫做科尔的科学家通过令人信服的运算论证,成功地证明了这道难题。

人们在惊诧和赞许之余,向科尔问道:"您论证这个课题一共花了多少时间?"科尔回答:"3 年内的全部星期天。"

同样,加拿大医学教育家奥斯勒也是利用业余时间作出成就的典范。奥斯勒对人类最大的贡献,就是成功地研究了第三种血细胞。他为了从繁忙的工作中挤出时间读书,规定自己在睡觉之前必须读 15 分钟的书。不管忙碌到多晚,都坚持这一习惯不改变。这个习惯他整整坚持了半个世纪,共读了 1000 多本书,取得了令人瞩目的成绩。

我荒废的今日,正是昨天殒身之人祈求的明日。

闻名于世的约翰霍普金斯学院的创始人、牛津大学医学院的讲座教授、被英国国王册封为爵士的威廉。奥斯勒在年轻时,也曾为自己的前途感到迷茫。一次,他在读书时看到了一句话,给了他很大的启发。这句话是"最重要的就是不要去看远方模糊的事,而是做手边清楚的事。"

对此,哈佛提醒学生说"我荒废的今日,正是昨天殒身之人祈求的明日"。明天再美好,也不如抓住眼下的今天多做点实事。

获得哈佛大学荣誉学位的发明家、科学家本杰明。富兰克林有一次接到一个年轻人的求教电话,并与他约好了见面的时间和地点。当年轻人如约而至时,本杰明的房门大敞着,而眼前的房子里却乱七八糟、一片狼藉,年轻人很是意外。

没等他开口,本杰明就招呼道:"你看我这房间,太不整洁了,请你在门外等候一分钟,我收拾一下,你再进来吧。"然后本杰明就轻轻地关上了房门。

不到一分钟的时间,本杰明就又打开了房门,热情地把年轻人让进客厅。这时，年轻人的眼前展现出另一番景象——房间内的一切已变得井然有序，而且有两杯倒好的红酒，在淡淡的香气里漾着微波。

年轻人在诧异中，还没有把满腹的有关人生和事业的疑难问题向本杰明讲出来，本杰明就非常客气地说道："干杯！你可以走了。"

手持酒杯的年轻人一下子愣住了，带着一丝尴尬和遗憾说："我还没向您请教呢……"

"这些……难道还不够吗？"本杰明一边微笑一边扫视着自己的房间说，"你进来又有一分钟了。"

"一分钟……"年轻人若有所思地说，"我懂了，您让我明白用一分钟的时间可以做许多事情，可以改变许多事情的深刻道理。"

珍惜眼前的每一分每一秒，也就珍惜了所拥有的今天。哈佛的这句话实际上揭示了一种人生哲学，那就是人生要以珍惜的态度把握时间，从今天开始，从现在做起。

觉得为时已晚的时候，恰恰是最早的时候

安曼曾经是纽约港务局的工程师，工作多年后按规定退休。开始的时候，他很是失落。但他很快就高兴起来，因为他有了一个伟大的想法。他想创办一家自己的工程公司，要把办公楼开到全球各个角落。

安曼开始一步一个脚印地实施着自己的计划，设计的建筑遍布世界各地。在退休后的三十多年里，他实践着自己在工作中没有机会尝试的大胆和新奇的设计，不停地创造着一个又一个令世人瞩目的经典：埃塞俄比亚首都亚的斯亚贝巴机场，华盛顿杜勒斯机场，伊朗高速公路系统，宾夕法尼亚州匹兹堡市中心建筑群……这些作品被当作大学建筑系和工程系教科书上常用的范例，也是安曼伟大梦想的见证。86岁的时候，他完成最后一个作品——当时世界上最长的悬体公路桥——纽约韦拉扎诺海峡桥。

生活中，很多事情都是这样，如果你愿意开始，认清目标，打定主意去做一件事，永远不会嫌晚。

今天不走，明天要跑

在哈佛，教授们会时常提醒学生们要做好时间管理，并列举如下事例：

当今世界上最大的化学公司——杜邦公司的总裁格劳福特。格林瓦特，每天挤出一小时来研究蜂鸟，并用专门的设备给蜂鸟拍照。权威人士把他写的关于蜂鸟的书称为自然历史丛书中的杰出作品。

休格·布莱克在进入美国议会前，并未受过高等教育。他从百忙中每天挤出一小时到国会图书馆去博览群书，包括政治、历史、哲学、诗歌等方面的书，数年如一日，就是在议会工作最忙的日子里也从未间断过。后来他成了美国最高法院的法官。

一位名叫尼古拉的希腊籍电梯维修工对现代科学很感兴趣，他每天下班后到晚饭前，总要花一小时时间来攻读核物理学方面的书籍。随着知识的积累，一个念头跃入他的脑海。1948年，他提出了建立一种新型粒子加速器的计划。这种加速器比当时其他类型的加速器造价便宜而且更强有力。他把计划递交给美国原子能委员会做试验，又再经改进，这台加速器为美国节省了7000万美元。尼古拉得到了1万美元的奖励，还被聘请到加州大学放射实验室工作。

在人生的道路上，你停步不前，但有人却在拼命赶路。也许当你站立的时候，他还在你的后面向前追赶，但当你再一回望时，已看不到他的身影了，因为，他已经跑到你的前面了，现在需要你来追赶他了。所以，你不能停步，你要不断向前，不断超越。

狗一样地学，绅士一样地玩。

我们说要珍惜时间，努力为实现理想而打拼，但有一点要注意，那就是不要一味地拼命，也要有适度的休息和放松。对此，哈佛有个很贴切的说法，叫做"狗一样地学，绅士一样地玩"。话虽略显粗俗，但揭示的道理却很深刻。

在哈佛，虽然学习强度很大，学生们承受着很大的学习压力，但他们也不提倡学生把所有的时间都用来学习。他们认为，学要尽力，玩也不能忽视。哈佛的学生也说，哈佛的课余生活要胜过正规学习。而哈佛也意识到适度的课外活动不但不会背离教育使命，而且还会给教育使命以支持。因此，他们提出要像"绅士一样地玩"。

在哈佛，学生们除了紧张地学习，还会参加学校组织的多种艺术活动，比如音乐会、戏剧演出、舞蹈表演及各种艺术展览等，此外，哈佛每年还会举办艺术节，以活跃学生的业余生活。这些充满着浓厚艺术氛围的活动不仅让学生接受了艺术教育和熏陶，而且提高了学生的艺术修养和审美能力。

哈佛的理念就是要求你在紧张的学习和工作后，能够暂时地完全忘记它们，像投入工作那样投入玩耍，尽情地放松。的确，在你尽心休闲的时候，所得到的体力和精力的恢复会为你下一阶段的奋斗增添无穷的动力。所以，在前进的路上，你不仅要勤奋努力，更要学会放松。

现在流的口水，将成为明天的眼泪。

成功与安逸是不可兼得的，选择了其一，就必定放弃了另一结局。正像哈佛所提醒的那样：现在流的口水，将成为明天的眼泪。今天不努力，明天必定遭罪。

我的邻居查尔斯曾经在哈佛度过 4 年的大学时光，他现在就职于纽约的一家软件公司，做他最擅长的行政管理工作，九九读书人。不久前，他的公司被一家法国公司兼并了。在兼并合同签订的当天，公司的新总裁宣布："我们不会随意裁员，但如果你的法语太差，导致无法和其他员工交流，那么，不管是多高职位的人，我们都不得不请你离开。这个周末我们将进行一次法语考试，只有考试及格的人才能继续在这里工作。"

散会后，几乎所有的人都拥向了图书馆，他们这时才意识到要赶快补习法语了。只有查尔斯像平常一样直接回家了，同事们都认为他已经准备放弃这份工作了，毕竟，哈佛的学习背景和公司管理层的工作经验会帮助他轻而易举地找到另一份不错的工作。

然而，令所有人都想不到的是，考试结果出来后，这个在大家眼中没有希望的人却考了最高分。原来，查尔斯在毕业后来到这家公司后，他在工作中发现与法国人打交道的机会特别多，不会法语会使自己的工作受到很大的限制，所以，他很早就开始自学法语了。他利用可利用的一切时间，每天坚持学习，最终学有所获。

在哈佛，你从来看不到学生在偷懒，在消磨时间。当若干年后回想起曾经的梦想时，希望带给你的是无尽的欣慰笑容，而不是因蹉跎而流下的悔恨泪水。

投资未来的人，是忠于现实的人。

作为世界知名的学府，哈佛十分强调要有长远眼光，为未来投资。要投资未来，就要定好未来的投资方向，也就是要及早地设定人生目标。没有目标，就谈不到发展，更谈不上成功。

哈佛大学曾进行过这样一项跟踪调查，对象是一群在智力、学历和环境等方面条件差不多的年轻人。调查结果发现：27%的人没有目标；60%的人目标模糊；10%的人有着清晰但比较短期的目标；其余3%的人有着清晰而长远的目标．

以后的岁月，他们行进在各自的人生旅途中。25年后，哈佛再次对这群学生进行了跟踪调查。结果是这样的：

3%的人，在25年间朝着一个方向不懈努力，几乎都成为社会各界的成功人士，其中不乏行业领袖和社会精英；10%的人，他们的短期目标不断地实现，成为各个领域中的专业人士，大都生活在社会的中上层；60%的人，他们安稳地生活与工作，但都没有什么特别成绩，几乎都生活在社会的中下层；剩下27%的人，他们的生活没有目标，过得很不如意，并且常常在抱怨他人，抱怨社会，当然，也抱怨自己。

其实，他们之间的差别仅仅在于：25年前，他们中的一些人就已经知道自己最想要做的是什么，而另一些人则不清楚或不很清楚。这个调查生动地说明了明确生活目标对于人生成功的重要意义。

12 种执行能力

执行能力1：自制力

三思而后行的能力。约束你说话或做事的冲动，给时评估举动是否恰当。

执行能力2：工作记忆力

在执行复杂任务时，记忆信息的能力。包括运用以往经验的能力。

执行能力3：情绪控制力

对情绪的控制能力，以便达到目标、完成任务，或控制行为。

执行能力4：专注力

即使有干扰、疲劳、厌倦，也能集中心神的能力。

执行能力5：行动力

按时开始做事，不拖沓延迟。

执行能力6：计划能力

能画出实现目标的"路线图"，并知道何处是关键点。

执行能力7：组织能力

系统化地组织安排事务的能力。

执行能力8：时间管理能力

能估算做事需要的时间，能有效安排时间，能按时完成工作。

执行能力9：定义目标、实现目标的能力

设定目标，跟进直至实现，不受其他事务影响。

执行能力10：灵活性

在遇到阻碍、新信息或是发生错误时修正计划的能力。

执行能力11：观察力

在处理问题时，能够抽身在外，俯瞰全局，知道自己在做什么，并及时作出调整。

执行能力12：抗压性

在压力下也能应对自如，对不确定和变化能泰然处之。

理解执行能力的益处

生产力提高

能力优势与工作的匹配将会提高工作效率。

工作质量提高

匹配意味着出现更少错误。

招聘更简单

分析出某项工作需要的人员执行能力，也了解人的能力结构。

更容易留住员工

员工在做自己最适合做的事情时会更快乐，跳槽的意愿会降低，工作场所的紧张感会得到缓解。

培训更有效果

一个人的执行能力强弱不会发生戏剧性的改变——了解这一点，我们就可以将培训的重点放在教人辨识自己的能力优势上，并且帮助他们学会扬长避短。

更有效的团队合作

恰当搭配团队角色，将带来更有效率的工作流程、更好的结果，以及更少的团队冲突。

获得竞争优势

一个能够正确匹配员工能力优势与工作的公司将更具竞争力。

减轻工作压力

若人的能力优势与工作并不匹配，自然会产生排斥与困难。

提高会议效率

找"对"的人来开会，将会提升会议效率，并更准确地预测出会议结果。

更有力的执行

当组织中的每个人都能发挥自己的能力优势，有最适合的人来规划战略和出点子，也有最适合的人来监督何时实施完成，这才是有力执行的好搭配。

更有效的信息管理

信息流将会更有效率，因为人们只需关注那些和他们最相关的东西。

与执行能力组合匹配的工作

细节型工作——组织能力及工作记忆力高

战略规划——创造性思维、观察力、灵活性高

危机管理——抗压性、灵活性、情绪管理能力强

独自工作——行动力、专注力、时间管理能力强

互动型工作——灵活性高

如果管理团队中不少人的优势是观察力、计划能力、定义目标和实现目

标的能力，那这个团队就非常有可能实现目标，并且愿意听取改进建议。

自制力测试

仔细阅读下列问题，在1~5的数字中勾出最符合你的那一项，然后把总分加起来

题目	完全不同意	有点不同意	无所谓同不同意	有点同意	完全同意
我会从容地作出决定	1	2	3	4	5
我认为自己处事老练、得体	1	2	3	4	5
我说话前会想一想	1	2	3	4	5
我行动之前，会确保了解到全部情况	1	2	3	4	5

总分：

工作记忆力测试

仔细阅读下列问题，在1~5的数字中勾出最符合你的那一项，然后把总分加起来。

题目	完全不同意	有点不同意	无所谓同不同意	有点同意	完全同意
关于事实、日期、细节，我的记性很好	1	2	3	4	5
我很擅长记住那些我答应要做的事情	1	2	3	4	5
我能自然的记得有任务要完成	1	2	3	4	5
我会盯住要达到目标	1	2	3	4	5
当我很忙的时候，我既能记得全局，也能记住细节					

总分：

情绪控制力测试

仔细阅读下列问题，在1~5的数字中勾出最符合你的那一项，然后把总分加起来。

题目	完全不同意	有点不同意	无所谓同不同意	有点同意	完全同意
工作时我能控制住情绪	1	2	3	4	5
我可以冷静的处理争执	1	2	3	4	5
小事不会影响我做事的情绪	1	2	3	4	5
当我受挫或生气时，我能保持冷静	1	2	3	4	5
在一项任务完成之前，我能够控制住个人情绪					

总分：

专注力测试

仔细阅读下列问题，在1~5的数字中勾出最符合你的那一项，然后把总分加起来。

题目	完全不同意	有点不同意	无所谓同不同意	有点同意	完全同意
我在做事时很容易抵制干扰	1	2	3	4	5
我会专心致志做事，直至做完	1	2	3	4	5
集中精力做事很容易	1	2	3	4	5
即使受到打扰，我也能回去继续完成手边的事情	1	2	3	4	5
即使这件事冗长乏味，我也能专心做完					

总分：

行动力测试

仔细阅读下列问题，在1~5的数字中勾出最符合你的那一项，然后把总分加起来。

题目	完全不同意	有点不同意	无所谓同不同意	有点同意	完全同意
一旦我接手工作，我喜欢马上就做	1	2	3	4	5
我一般不耽搁拖延	1	2	3	4	5
不管是什么事情，我都希望越早开始做越好	1	2	3	4	5
尽管有我更愿意做的事，但我还是能回去工作	1	2	3	4	5
一般来说，我做事喜欢趁早开始					

总分：

计划能力测试

仔细阅读下列问题，在1~5的数字中勾出最符合你的那一项，然后把总分加起来。

题目	完全不同意	有点不同意	无所谓同不同意	有点同意	完全同意
一旦我接手工作，我喜欢马上就做	1	2	3	4	5
当我有一堆要做的时候，我会把重点放在最重要的事情上	1	2	3	4	5
对于我的远期计划，我已经做了计划表	1	2	3	4	5
我很善于挑出最重要的事情并且紧盯不放	1	2	3	4	5
我很自然的将大任务分解成小任务，并设定时间期限					

总分：

组织能力测试

仔细阅读下列问题，在 1~5 的数字中勾出最符合你的那一项，然后把总分加起来。

题目	完全不同意	有点不同意	无所谓同不同意	有点同意	完全同意
我是个井井有条的人	1	2	3	4	5
我很擅长组织整理自己的工作	1	2	3	4	5
我很自然的保持办公区域整洁有序	1	2	3	4	5
我很容易就能找到工作材料	1	2	3	4	5
对我来说，收拾整理一点都不难，比如整理电子邮件或要做的事情，等等					

总分：

时间管理能力测试

仔细阅读下列问题，在 1~5 的数字中勾出最符合你的那一项，然后把总分加起来。

题目	完全不同意	有点不同意	无所谓同不同意	有点同意	完全同意
我会根据任务的时间要求来调整工作步调	1	2	3	4	5
一天结束时，我通常完成了当天的安排	1	2	3	4	5
我很擅长估算做事需要多少时间	1	2	3	4	5
我通常都能按时赴约	1	2	3	4	5
我制订每天的计划并且按部就班的实施					

总分：

定义目标、实现目标的能力测试

仔细阅读下列问题，在1～5的数字中勾出最符合你的那一项，然后把总分加起来

题目	完全不同意	有点不同意	无所谓同不同意	有点同意	完全同意
即使遇到阻碍，我仍然会继续朝着目标努力	1	2	3	4	5
内心驱使我去实现目标	1	2	3	4	5
我善于取得优秀的绩效表现	1	2	3	4	5
我擅于制定长远目标	1	2	3	4	5
为了长远目标，我能较容易的放弃眼前的舒适状态					

总分：

灵活性测试

仔细阅读下列问题，在1～5的数字中勾出最符合你的那一项，然后把总分加起来。

题目	完全不同意	有点不同意	无所谓同不同意	有点同意	完全同意
我认为自己灵活性强，能够适应变化	1	2	3	4	5
处理问题时我会寻求不同的解决方法	1	2	3	4	5
我能从容应对突发事件	1	2	3	4	5
我很容易从他人的角度看问题	1	2	3	4	5
我能够随机应变					

总分：

观察力测试

仔细阅读下列问题，在1～5的数字中勾出最符合你的那一项，然后把

总分加起来。

题目	完全不同意	有点不同意	无所谓同不同意	有点同意	完全同意
我很清楚某项任务是否适合我做	1	2	3	4	5
我时常回顾自己的表现并作出改进	1	2	3	4	5
我会抽身后退，观察当前状况，以便作出客观决定	1	2	3	4	5
我喜欢战略性的思考、解决问题	1	2	3	4	5
我可以回顾分析，看看哪里还可以做得更好					

总分：

抗压性测试

仔细阅读下列问题，在 1~5 的数字中勾出最符合你的那一项，然后把总分加起来。

题目	完全不同意	有点不同意	无所谓同不同意	有点同意	完全同意
我喜欢节奏快、要求高的地方工作	1	2	3	4	5
压力会让我发挥的更好	1	2	3	4	5
我喜欢充满变数的工作	1	2	3	4	5
当情势需要，我乐意冒险	1	2	3	4	5
我可以回顾分析，看看哪里还可以做得更好					

总分：

测试题不是以分数总分高低来评判的，而是相对比较自己12种能力的长短，从而看你适合什么样的工作，或需要增强什么能力来适应你的工作。

（四）成绩评价

生物制药技术专业的成绩评价有别于传统的考试考查方法，采用阶段评价、目标评价、项目评价、理论与实践一体化评价模式。注重过程评价，弱化评价的选拔性、鉴别性，强化评价的引导性、激励性，充分调动学生学习的积极性，主动性，强化学生终身学习的理念，促进学生的可持续发展。

实现评价主体多元化，学生、教师、企业人员等共同参与学生的评价，促进学生个性发展。可采用课堂提问、学生作业、平时测验、实验实训、技能竞赛及考试情况，综合评价学生成绩。

打破一考定学生优劣的评价方式，按照高职学生的认知特点，根据学科特性，采用多样化的评价方式，培养和提高学生的创新精神，使学生在成长过程中不断体验进步与成功，使他们的潜在优势得到充分发挥，最终实现学生全面发展。

工学结合，校企合作，将企业岗位职业技能的要求和考核评价方式，纳入职业技能课程学生评价体系，对学生的职业意识、职业素质、职业技能进行全面评价，提高学生的职业适应能力，为企业选材、用材打下良好的基础。

在教学过程中将岗位技能培训与考核的内容融于日常的教学中，第五、六学期分别进行中、高级工的考核。理论知识考试采用闭卷笔试或口试方式，技能操作考核采用现场实际操作方式；论文（报告）采用专家审评方式考试成绩均实行百分制，成绩达 60 分为合格。

毕业条件　本专业毕业生达到以下标准方可毕业：

1. 操行评定合格

本专业学生必须修完专业人才培养方案规定课程，成绩合格，完成相应的顶岗实习及毕业论文（或毕业设计）。

2. 学时学分要求

教学总学时在 2200～2600 学时之间，修满总学分 128 学分。

3. 职业技能鉴定证书和等级证书要求

（1）取得一个工种的职业技能鉴定证书。

（2）通过高等学校英语应用能力考试。

（3）通过计算机应用能力等级考试。

四、推荐专业入门书籍

1.《DNA 科学导论》

本书是冷泉港实验室出版社出版的 DNA Science：A First Course 第二版的中文翻译版，介绍了学科发展中的重要人物和他们做的一些重要实验，深入浅出阐释实验技术，展示了现今研究的最前沿，让读者深入了解当今的实验技术。主要内容包括：遗传学的基本原理，DNA 的结构和功能，基因调控；小规模及大规模的 BNA 分析技术，研究单基因的现代技术，全基因组分析的现代方法；癌症的 DNA 科学原理，DNA 科学在人类遗传和进化中的应用，人类物种形成问题等等。本书所包含的思想和技术是 DNA 实验操作中必需的、最基本的思想和技术，借助本书能正确地预见和阐释在未来很多年里科学发展的主流趋势。本书也是初次探索生命分子的人手中一张简单的地图。

2.《师从天才》

《师从天才：一个科学王朝的崛起》作者罗伯特·卡尼格尔在书中把我们带进了一个充满智慧、趣味、竞争和创新的奇妙的科研王朝，展现了一个由美国国立卫生研究院（NIH）和约翰斯·霍普金斯大学的著名科学家群体构筑的世界，他们通过半个多世纪来在生物医学科学领域内的突破性贡献，赢得了拉斯克奖及诺贝尔奖。

3.《微生物学》

沈萍主编的《微生物学》第二版是一本微生物方面的经典教材，尤其第二版注重与国际先进教材接轨，反映微生物学科发展的最新水平，突出教材的新颖性和启发性和实践性。本书也是国内很多院校生物专业的微生物学教材。与之配套的《微生物学实验》更是一本经典的实验教材，详细且系统的介绍了微生物学各项基础实验技术。非常适合生物实验技术专业的学生参考阅读。

4.《生物化学》

国内外的生物化学教材很多。比较经典的有：

（1）《生物化学原理》，作者：David L. Nelson

（2）《生物化学》，作者：Stryer，L.

（3）《生物化学》第三版，作者：王镜岩

总体来讲，国外的教材插图多，生动形象，深入浅出，在内容编排上，强调生物大分子的系统性与联系。而国内教材基本上分为静态和动态两个部分，强调基本概念的层层递进。总之，各有千秋，而对于初学者来说，任何一本教材都是一个不错的选择。

5.《基因》

中文版已经出到第八版，英文版也有了第九版。这是一本非常经典的分子生物学、分子遗传学及相关课程的参考书，是从事生物遗传学、生物化学、细胞生物学、基础医学等专业人员进行科学研究的重要书籍。

该书在此领域有着毋庸置疑的权威性，本书第八版对第七版内容进行了全面的修订，加入了最新的人类基因组内容。提供了完备的网络资源：www. ergito. com—Includes a complete E－book with flash illustrations；随时升级，保证紧贴发展前沿；丰富的资源（Flash Illustrations/ Multiple Views/ Hyperlinks），提供全方位教学支持。

6.《生物制药工艺学》

作者：吴梧桐　第二版　出版社：中国医药科技出版社；本版《生物制药工艺学》是在第一版教材的基础上，根据学科发展的需要，重新组织，进行修订编写的。随着生物技术和生物分离工程技术的迅速发展，生物药物已获得极大的扩充，生物制药工业已成为现代制药工业的重要发展领域。生物药物新品种日新月异，有关生物制药工艺的新理论、新工艺、新技术层出不穷，为此本教材在课程体系、教材内容结构和工艺技术等方面都作了较大补充与调整，以使本教材能适应当前我国医药现代化发展的需要，较好地体现本学科的进展与我国医药现代化的发展趋势。

本书共分三大篇：第一篇生物制药工艺基础；第二篇生物分离工程技

术；第三篇重要生物药物制造工艺。重点阐述生物制药工艺技术的基础理论、基本知识和基本技能，并尽可能地反映现代生物技术、生物分离工程技术和生物制药工艺的进展，为培养学生从事生物药物的研究、生产和开发打下必备的理论基础和实践能力。

本课程在生物技术、生物工程、生物制药、海洋药物学等专业学生的学习中具有重要地位，是培养高级生物制药技术人才的重要专业课程。本书除可作为专业教材外，还可作为药学类其他专业和生物化工类专业的教学参考书。且对生物制药科技人员也有重要参考价值。

7. 生物技术药物学

出版社：高等教育出版社；作者：吴梧桐；生物技术药物学是一门系统介绍生物技术药物防病、治病的基础理论和临床应用知识的综合学科。《生物技术药物学》是全国高等医药院校药学类的"十五"规划教材之一。本教材在简要介绍生物技术药物学概况与发展的基础上，重点讨论各类生物技术药物的来源、组成、结构、性状、临床用途与用法等方面的基本理论和基本知识。本书可供生物技术、生物制药和生化药学等专业作为专业教材，也可作为生物工程与其他药学类专业的参考教材，还可作为生物医药科技人员、临床医师和药剂师的参考书。

8. 生物药物知识

作者：杨群华//杜敏 出版社：中国医药科技出版社（供高职高专使用全国医药职业教育药学类规划教材）；本教材是全国医药职业教育药学类规划教材之一，根据生物制药技术岗位群的需要和特点，结合2010年版《中华人民共和国药典》，设立了生物药物概述、抗生素、生化药物、生物制品、生物医学材料、实践训练6个模块。每个模块重点介绍定义、分类、用途及各类典型生物药物的名称、来源、性状、作用与用途、不良反应、注意事项、药物相互作用、贮藏等。本教材针对性、实用性强，可供高等职业教育院校、高等医药专科学校生物制药专业使用，也可供药学类其他专业使用。

9. 基因工程

作者：张惠展 贾林芝；出版社：高等教育出版社；本书将DNA重组

和克隆的实验流程分为"切、接、转、增、检"五大单元操作；在简要阐述目的基因四大分离克隆策略的基础上，分别以大肠杆菌、酵母、高等动植物等典型的受体系统为主线，逐一论述基因工程应用的设计思想；同时，与高效表达多肽和蛋白质编码基因的第一代基因工程以及通过基因水平上的遗传操作表达蛋白变体的第二代基因工程（蛋白质工程）相呼应，将在基因水平上局部修饰细胞固有代谢途径和信号转导途径的设计表征为第三代基因工程，由此构成本书的基本理论框架。

本书所涉及的基本理论、应用策略及实验技术主要基于著者 20 多年来不断充实的教学讲义和经验体会，编撰的侧重点是基因工程应用的设计思路，并力求以图解的方式加深理解和记忆，因而较为适合作为全日制大学生物工程、生物技术、生物科学专业本科生"基因工程"课程的教科书，同时也可作为有关研究人员的参考书。

本书主要论述基因工程的基本原理、单元操作和应用战略。基本原理涉及基因的高效表达原理、重组表达产物的活性回收原理、基因工程菌（细胞）的稳定生产原理；单元操作包括 DNA 的切接反应、重组 DNA 分子的转化、转化子的筛选与重组子的鉴定；应用战略部分以大肠杆菌、酵母、高等动物及高等植物等基因工程受体系统为主线，结合具体的产业化案例，归纳出基因工程技术的实际应用战略。书中还简要述及了蛋白质工程和途径工程的原理与应用。

本书可作为高等院校生物工程、生物技术、生物科学专业本科"基因工程"课程的专业教材，课堂教学建议学时为 32；也可供从事生物工程技术研究和开发的人员参考。

10.《分子克隆实验指南》

《分子克隆实验指南》的前两版以其无可匹敌的声誉，在近 20 年的时间里一直被作为分子生物学实验的经典参考书。在第三版中，作者对图书内容进行了完全的升级，修订了实验的每条方案，增加了大量新的材料，拓宽了它涉及的领域，内容丰富而详细，使其具有用于学习遗传学、分子细胞生物学、发育生物学、微生物学、神经科学和免疫学等科学的重要指导和参考价值。《分子克隆实验指南 第三版（上、下册）》具有先进性、实用性、权威性的特点，是生命科学实验室内当之无愧的"红宝书"。

11. 《精编蛋白质科学实验指南》

本书是《精编》（Short Protocols）系列的又一个重要分册，是《最新蛋白质科学实验指南》（Current Protocols in Protein Science，CPPS）的精编版本，内容全部取材于该系列和每季度更新的内容，其详细提供了多种实验方案，并包含实验材料、步骤和每种技术的参考文献等信息。

本书用大量篇幅介绍了蛋白质制备、检测和分析的传统方法，如蛋白质的提取、表达、纯化和定性分析等，并对最常用的技术，如层析和电泳，进行了详细介绍。蛋白质蛋白质相互作用是蛋白质科学研究的一个热点，本书用两章的篇幅对其鉴定和定量分析的方法进行了介绍；蛋白质组学是蛋白质科学的另一个热点，本书对其方法学和具体操作亦有详细的介绍。此外，生物信息学在现代蛋白质科学研究中发挥着越来越重要的作用，本书对常用的生物信息学分析方法进行了概括，通过生物信息学分析，可以了解蛋白质的基本特性，对研究方案的设计和实验数据的分析处理都具有重要的指导意义。

本书包括了蛋白质科学研究所需的几乎所有的常用技术和最新方法，代表了蛋白质科学研究的当前水平，是一本很好的实验用书。

12. 生物秀网站——生物医药门户网站

生物秀创建于2003年，是目前国内内容最专业、系统最完善和技术最先进的生物医药门户网站。旗下的中国生命科学论坛目前有近100个版块，基本涵盖了生命科学的所有专业及交叉学科，是生物专业相关人员进行学术交流、问题探讨和互帮互助的最专业的学术论坛之一，在行业内具有很高的知名度和影响力。

13. 丁香园网站——医学药学生命科学专业网站

丁香园是中国最大的面向医生、医疗机构、医药从业者以及生命科学领域人士的专业性社会化网络，提供医学、医疗、药学、生命科学等相关领域的交流平台、专业知识、专业技能。其中的丁香园论坛含100多个医药生物专业栏目，采取互动式交流，提供实验技术讨论、专业知识交流、文献检索服务。尤其其中的实验技术板块，包罗了生命科学专业各个方向的技术技能，具有很高的参考价值。

任务二　学技能，实训有安排

一、实训室安全要求

生物制药实验实训室涉及的药品极为广泛和复杂，由于所用的制备方法和手段不一，在工作中经常要接触水、火、电、各类化学试剂及剧毒、易燃、易爆物品。作为生物制药实验实训人员及管理人员的安全是非常重要的问题。应将安全放在首位，不能因为其他借口而忽视安全问题，不能存有侥幸心理，要经常保持警惕，消灭各种不安全的因素和隐患，及时妥善地处理发现的隐患和发生的各种意外事故，把损害减低到最小程度。

根据我国颁布的《危险化学品安全管理条例》，结合实训室工作的具体特点和情况进行学习实验实训室的安全知识和要求是很有必要的。

（一）实训室消防安全检查制度

为加强实训室的管理，做好实训室消防安全工作，特制定本制度。

（1）在学院消防安全主管部门的指导下，实训室消防安全管理工作由实训中心主管部门负责，实训技术人员具体实施。

（2）加强消防宣传教育工作，提高全院师生的消防意识。各实训室要对存在的消防安全问题及时提出整改意见，做到预防为主，消除隐患。

（3）实训室要配备必要的消防设施，消防主管部门要定期检查实训室的各种消防设施，定期更换灭火器内容物，确保其处于完好可用状态。

（4）各实训室的消防设备和灭火工具，要有专人管理；实训室管理及教学人员要掌握消防设施的使用。

（5）不准破坏、挪用消防器材，违者追究其责任。

（6）实训室要做好防火、防爆、防盗工作；下班时要切断电源、气源，清除工作场地的可燃物，关好门窗。

（7）危险化学药品（易燃、易爆、麻醉、剧毒、强氧化剂、强还原剂、强腐蚀）要有专人管理，并严格遵守相关管理制度。

（8）各实训室新增用火、用电装置，要先报后勤管理处、保卫科，并经论证符合安全要求和批准后，方可增用。

（9）各实训室安装、修理电气设备须由电工人员进行；禁止使用不合格的保险装置及电线。

（10）实训室技术人员每周一次对实训室进行全面安全检查，并做好检查记录，发现情况应及时采取措施并上报有关部门。学院消防安全主管部门及实训室行政管理部门不定期对实训室进行安全检查。

（11）对违反消防安全规定和技术防范措施而造成火灾等安全事故的有关责任人，要视情节轻重给予处罚，触犯法律的，由司法机关依法追究其刑事责任。

（二）学生进出实验实训场所行为规范

凡进入实训场所参加实训的学生必须严格遵守以下流程：

（1）学生在进入实训场所之前不准在校园内的其他场所穿着实训服装。

（2）学生应携带实训服装进入实训场所，须在指定区域更换服装。

（3）学生更换实训服装后，将个人物品叠放整齐，放置在实训场所内的指定区域，整装后开始实践教学。

（4）实践教学结束后，在指定区域内更换实训服装，将实训服装叠整齐，整装后携带个人物品离开实训场所，不得穿着实训服装走出实训场所。

（5）实训结束后，要安排值日生做好实训室清洁卫生工作，实训仪器等物品要整理好，洗刷干净，按要求摆放整齐并请指导教师检查清点认可后方可离开。离开实训室前要切断电源、气源、熄灭余火，关好水龙头，锁好门窗。

（三）生物实验室的废物处理

任何人进入生物实验室时，必须要严格遵照实验室的安全条例，而且有熟悉这些条例的人在旁监督，否则将造成严重后果。

废弃物是指将要丢弃的所有物品。在实验室内，废弃物最终的处理方式与其污染被清除的情况紧密相关。废弃物处理的首要原则是所有感染性材料必须在实验室内清除污染、高压灭菌或焚烧。

值得注意的是，实验室废弃物不可随意丢弃，必须进行分类，及时处理。实验室必须备有相应处理设施和工具。

1. 固体废弃物处理

实验室废弃试剂瓶如乙醇、乙酸、等无毒无害试剂瓶可用自来水冲洗干净后废弃，由垃圾处理人员统一处理。

其他试剂瓶用自来水冲洗干净后废弃，由垃圾处理人员统一处理。其他玻璃废弃物如吸管、三角瓶、试管等若残留化学试剂也须冲洗干净后丢弃。

2. 废液的处理

（1）废液处理的注意事项

①及时处理：因一些含有害物质的废液只有检验员自己才清楚里面含什么成分，需亲自动手及时处理。

②首行采用物理分离法。将沾附有有害物质的滤纸、称量纸、等杂物清理出来，并用自来水冲净沾有的有害物质于废液中。

③充分了解废液的主要性质，进行处理时注意防止可能产生的发热、有毒气体、喷溅及爆炸等危险有所准备。

④尽量选用无害或易于处理的药品，防止二次污染。如用漂白粉处理含氰废水，用生石灰处理某些酸液等，还应尽量采用"以废治废"的方法，如利用废酸液处理废碱液。

⑤要选择没有破损及不会被废液腐蚀的容器进行收集。将所收集的废液的成分及含量，贴上明显的标签，并置于安全的地点保存。特别是毒性大的废液，尤要十分注意。

⑥对硫醇、胺等会发出臭味的废液和会发生氰、磷化氢等有毒气体的废液，以及易燃性大的二硫化碳、乙醚之类废液，要把它加以适当的处理，防止泄漏，并应尽快进行处理。

⑦含有过氧化物、硝化甘油之类爆炸性物质的废液，要谨慎地操作，并应尽快处理。

⑧一些废液不可相互混合，如：过氧化物与有机物；氰化物、硫化物、次氯酸盐与酸；盐酸、氢氟酸等挥发性酸与不挥发性酸；浓硫酸、磺酸、羟基酸、聚磷酸等酸类与其他的酸；铵盐、挥发性胺与碱。

（2）无机废液的处理

①对含汞废液，因其毒性大，经微生物等的作用后，会变成毒性更大的有机汞。因此，处理时必须做到充分安全，可用硫化物共沉淀法、活性炭吸附法或离子交换树脂法处理。

②对含有重金属的废液，要用氢氧化物共沉淀法或硫化物共沉淀法把重金属离子转变成难溶于水的氢氧化物或硫化物等的盐类，然后进行共沉淀而除去。

③对含氧化剂、还原剂的废液，原则上应将含氧化剂、还原剂的废液分别收集。但当把它们混合没有危险性时，也可以把它们收集在一起。

④对酸、碱、盐类废液，原则上应将其分别收集。但如果没有妨碍，可将其互相中和，或用其处理其他的废液。对其稀溶液，用大量水把它稀释到1%以下的浓度后，即可排放。

（3）有机溶剂废液的处理

①对于乙醇及醋酸之类有机溶剂，能被细菌作用而易于分解。故对这类溶剂的稀溶液，经用大量水稀释后，即可排放。

②对于乙醚等醚类或其他易燃不溶于水的有机溶剂若未富集重金属等有害物质故可用燃烧法进行处理。若实验中动植油较多的废液也可采用燃烧法处理。

③每次实验后及时处理，将把它装入铁制或瓷制容器，选择室外安全的地方把它燃烧。点火时，取一长棒，在其一端扎上沾有油类的破布，或用木片等东西，站在上风方向进行点火燃烧。并且，必须监视至烧完为止。

（4）常见废液废物处理方法

①无机酸类　废无机酸先收集于陶瓷或塑料桶中，然后用碳酸钠或氢

氧化钙的水溶液中和，或用废碱中和至 pH 6.5 ~ 7.5，中和后用大量水冲稀排放。

②氢氧化钠、氨水　用稀废酸中和至 pH 6.5 ~ 7.5 后，再用大量水冲稀排放。

③含砷废液　加入氧化钙，调节并控制 pH 为 8，生成砷酸钙和亚砷酸钙。也可将废液调 pH 至 10 以上，然后加入适量的硫化钠，与砷反应生成难溶、低毒的硫化物沉淀。

④含铬废液　铬酸洗液如失效变绿，可浓缩冷却后加高锰酸钾粉末氧化，用砂芯漏斗滤去二氧化锰沉淀后再用。失效的废铬酸洗液或其他含铬废液可用废铁屑还原残留的六价铬为三价铬，再用废碱液或石灰中和使生成低毒的氢氧化铬沉淀。

⑤金属汞　若实验室中有金属汞散失，必须立即用滴管、毛笔或在硝酸汞的酸性溶液中浸过的薄铜片收集起来用水覆盖。散落过汞的地面应撒上硫黄粉或喷上 20% 的三氯化铁水溶液，干后再清扫干净。

⑥含汞废液　含汞盐的废液可先调节 pH 8 ~ 10，再加入过量硫化钠使生成硫化汞，然后加入硫酸亚铁，生成的硫化铁能吸附悬浮于水中的硫化汞微粒进行共沉淀，清液可排放弃去。

⑦含铅、镉等重金属废液　用消石灰将废液调 pH 至 8 ~ 10，使废液中的铅、镉等重金属离子生成金属氢氧化物沉淀。

⑧含氰废液　把含氰废液倒入废酸缸中是极其危险的，氰化物遇酸产生极毒的氰化氢气体，瞬时可使人丧命。含氰废液应先加入氢氧化钠使 pH 为 10 以上，再加入过量的 3% $KMnO_4$ 溶液，使 CN^- 被氧化分解。若 CN^- 含量过高，可以加入过量的次氯酸钙和氢氧化钠溶液进行破坏。另外，氰化物在碱性介质中与亚铁盐作用可生成亚铁氰酸盐而被破坏。

⑨含氟废液　加入石灰使生成氟化钙沉淀废渣的形式处理。

⑩含酚废液　含酚废液可加入次氯酸钠或漂白粉使酚氧化成无毒化合物。

对最终不可排放的固、液体废弃物由各检测人员收集到固定地点存放，送交有处理资质的处理公司处理。

4. 微生物实验室废弃物的处理

实验室在进行生物实验过程中产生的大量高浓度含有害微生物的培养液、培养基，未经适当的灭菌处理而直接外排，而且许多实验室的下水道与附近居民的下水道相通，污染物通过下水道形成交叉污染，最后流入河中或者渗入地下，时间长了将造成不可估量的危害。

生物废弃物有实验器材、细菌培养基和细菌阳性标本等。生物实验室的通风设备设计不完善或实验过程个人安全保护漏洞，会使生物细菌毒素扩散传播，带来污染，甚至带来严重不良后果。2003 年非典流行肆虐后，许多生物实验室加强对 SAS 病毒的研究，之后报道的非典感染者，多是科研工作者在实验室研究时被感染的。

（1）锐器：皮下注射针头用后不可再重复使用，包括不能从注射器上取下、回套针头护套、截断等，应将其完整地置于专用一次性锐器盒中。盛放锐器的一次性容器绝对不能丢弃于生活垃圾中。

（2）高压灭菌后重复使用的污染（有潜在感染性）材料：任何高压灭菌后重复使用的污染（有潜在感染性）材料不应事先清洗，任何必要的清洗、修复必须在高压灭菌或消毒后进行。

（3）废弃的污染（有潜在感染性）材料：除了锐器按上面的方法进行处理以外，所有其他污染（有潜在感染性）材料在丢弃前均需消毒。消毒方法首选高压蒸汽灭菌，其次为 2000mg/l 有效氯消毒液浸泡消毒。

知识链接

三起严重的实验室 SARS 病毒感染事件

1. 新加坡的实验室 SARS 感染事件

2003 年 9 月新加坡国立大学研究生在环境卫生研究院实验室中感染 SARS 病毒。该研究生是因发热到新加坡中心医院就诊时被确以为 SARS 感染者的，此前已经与多人有过接触。

新加坡环境部长林瑞生以为，有三个原因导致了感染事件的发生。第一，新加坡只有中心医院、国防科技研究院和环境卫生研究院设有 P3 实验室。但是环境卫生研究院实验室题目严重，很多地方没有符合 P3 安全标准，其病毒样本储存系统、消毒措施、进出实验室的保安系统等，都有待改善。应该说环境卫生研究院只具有 P2 的生物安全设备，却在院内设立了用来进行更具危险性病毒研究的实验室。第二，研究院同一时间处理多种不同的活性病毒研究，增加了生物安全方面的复杂程度，因处理程序不当，冠状病毒与这名研究生研究的西尼罗病毒交叉感染。第三，其他研究机构的科研职员也可利用研究院的设备，而每一个科研职员的安全意识都不同。

在新加坡国家环境卫生学院实验室感染非典病毒之后，新加坡已决定暂时封闭这个实验室，并销毁它库存的所有病毒样本。同时，新加坡副总理陈庆炎博士将负责主持制定一套全国性立法架构，确保实验室都符合国际生物安全标准。

2. 中国台湾地区的实验室感染事件

2003 年 12 月一名台湾的 SARS 研究职员在实验室感染 SARS 病毒。台湾这名感染非典的詹姓研究职员工作的台湾"国防预防医学研究所"属台湾军方研究单位，位于台北县三峡，设立在岩穴中，以两层阻尽设施与外界隔离。这所实验室拥有全台最顶尖的实验设备，实验室等级列为 P4，是台湾唯一的"第四级生物安全实验室"，超过"卫生署疾病管制局"及"台大医院"等 P3 等级的实验室，被誉为台湾生化资源重镇。在亚洲仅有日本拥有同等级的生物实验室，目前，全球也只有 8 个 P4 实验室在运行，均在发达国家和地区。

詹中校从实验室操纵到后来发病的处理过程，包括在实验室清除废弃物时出现疏失，没有主动通报，后来还跑到新加坡往开会，出现发热症状也没有第一时间告知、通报，有一连串的错误，以致造成民众心理的冲击、甚至影响经济。

直接原因是由于研究职员詹姓中校在实验室内未能遵守规章，因操纵疏忽而感染 SARS。此外，根据世界卫生组织的调查，台湾 SARS 实验室的一个主要题目是人手不足，科研职员经常单独工作，进步了发生意外和错误被忽视的风险。世卫组织职员夸大科研职员不应单独在实验室工作，至少应有两人在一起。世卫组织职员指出，台湾实验室职员虽接受安全程序的教导，但他们缺乏足够的监视以确保他们真正遵守规章。

事件发生后台湾当局"卫生署"封闭了岛内 P3 级以上的实验室，并进行了两次完整的环境消毒，所有设备具体检验，所有职员均重新防护练习，且需考试认证，再经过外国专家查核没有题目，才可重新开放。

增加"詹中校"条款。台湾"立法院"在新版的"传染病防治法"规定：P4 级以上的实验室依照世界卫生组织的规范，每次都需两人同行才可进进，而且进进时全程都需穿着隔离衣和隔离装备；而"研究职员也不可兼作工友及清洁职员"。

3. 国内的实验室感染事件

2004 年 4 月安徽、北京先后发现新的 SARS 病例，经证实分别来自于在中国疾病预防控制所实验室受到 SARS 感染的两名工作职员。

卫生部、科技部组成联合调查组对有关责任开展了调查。调查认定，这次非典疫情源于实验室内感染，是一起因实验室安全治理不善，执行规章制度不严，技术职员违规操纵，安全防范措施不力，导致实验室污染和工作职员感染的重大责任事故。中国疾病预防控制中心病毒病预防控制所腹泻病毒室跨专业从事非典病毒研究，采用未经论证和效果验证的非典病毒灭活方法，在不符合防护要求的普通实验室内操纵非典感染材料，发现职员健康异常情况未及时上报。

中国疾病预防控制中心病毒病所实验室两名工作职员证实感染非典后，卫生部紧急封闭了该所，划出警戒线，防止其他人接近，并在邻近的社区服务中心设立临时指挥中心，然后紧急撤离了病毒病所内二百名工作职员，前往小汤山进行全面隔离。

卫生部立即向国务院作了汇报，并召开全国卫生系统电视电话会议，向全国通报了两地疫情情况，对全国 SARS 防治工作进行全面部署。要求各地立即恢复 SARS 零报告制度，加强发热病例的监测，全面上报近期不明原因肺炎病例，切实做好医务职员防护，严格实验室安全治理。

（摘自 http://www.chinabaike.com/z/keji/shiyanjishu/2011/0116/157903.html）

（四）溴化乙锭的处理

溴化乙锭（ethidium bromide，简称 EB），是一种高度灵敏的嵌入性荧光染色剂。用于观察琼脂糖和聚丙烯酰胺凝胶中的 DNA。溴化乙锭可以嵌入碱基分子中，导致错配。许多人认为溴化乙锭是强诱变剂，具有高致癌性。但实际上目前还不能证明溴化乙锭是基因致癌物。目前还没有任何证据能证明直接接触溴化乙锭能对任何动物有毒害性。使用溴化乙锭最大的危险是当混合一个 5mg/ml 的储存液时吸入溴化乙锭粉末，因此可以直接购买预先混合好的 5mg/ml 的储存液。使用时，将 5mg/ml 的储存液稀释成 1μg/ml 的染色液，用稀释溶液进行规范操作凝胶染色的危险很小。

由于溴化乙锭具有一定潜在的毒性，在使用其进行凝胶染色时，必须要戴上手套进行操作。在分子生物学实验结束后，应对含 EB 的溶液进行净化处理再行弃置，以避免污染环境和危害人体健康。

1. 对于 EB 含量大于 0.5mg/ml 的溶液，可如下处理

（1）将 EB 溶液用水稀释至浓度低于 0.5mg/ml。

（2）加入一倍体积的 0.5mol/L $KMnO_4$，混匀，再加入等量的 25mol/L HCl，混匀，置室温数小时。

（3）加入一倍体积的 2.5mol/L NaOH，混匀并废弃。

2. EB 含量小于 0.5mg/ml 的溶液可如下处理

（1）按 1mg/ml 的量加入活性炭，不时轻摇混匀，室温放置 1 小时。

（2）用滤纸过滤并将活性炭与滤纸密封后丢弃。

（五）生物实验室人员生物安全防护要求

（1）在实验室工作时，任何时候都必须穿着工作服。

（2）在进行可能直接或意外接触到血液、体液以及其他具有潜在感染性的材料或感染性动物的操作时，应戴上合适的手套。手套用完摘除后必须洗手。

（3）在处理完感染性实验材料和动物后，以及在离开实验室工作区域前，都必须洗手。

（4）有喷溅的可能时，为了防止眼睛或面部受到泼溅物的伤害，应戴安全眼镜、面罩（面具）或其他防护设备。

（5）不得在实验室内穿露脚趾的鞋子。

（6）禁止在实验室工作区域进食、饮水、吸烟、化妆和处理隐形眼镜。

（7）禁止在实验室工作区域储存食品和饮料。

（8）当接触了含有重组 DNA 分子的生物体和动物后，或者在离开实验室之前都应洗手。

（9）实验过程中禁止外来人员进入。

（10）工作台每天都应消毒一次，而且当有活性物质洒落其上时应进行消毒。

（11）使用机械移液装置移液，绝不能用嘴吸。

（12）所有的操作步骤都应该认真执行以减少气体悬浮物质的产生。

（13）激光辐射（可见的或不可见的）都能严重损伤眼睛和皮肤。在实验操作时，要防止直接接触直射和反射的光束。

（14）电泳和电泳设备，如果使用不当会引起严重失火和电击事故。

（15）实验室中的微波炉和高压锅需要安全的预防措施，且按照标准操作规程操作。

（16）在使用显微切片刀、解剖刀、剃刀或注射针等器械时要特别小心，避免受伤和可能的感染。

二、实践教学内容

实践教学应突出产学结合特色，培养学生实践技能，与国家职业技能鉴定相接轨，把教学活动与生产实践、社会服务、技术推广及技术开发紧密结合，把职业能力培养与职业道德培养紧密结合，保证实践教学时间，培养学生的实践能力、专业技能、敬业精神和严谨求实作风。实践教学体系主要由基本技能训练、职业技能训练、职业综合实践等组成。

1. 基本技能训练

结合相关素质课程教学进行课内实验或训练，通过计算机、化学、微生物学、细胞生物学、信息检索等课程的技能训练，使学生具有较强的动手能力，为学生暂无各项专业技能奠定基础。要大力改革实验教学的形式和内容，减少演示性、验证性实验，增加工艺性、设计性、综合性实验，鼓励开设综合性、创新性实验和研究型课程，鼓励学生参加科研活动。

2. 职业技能训练

结合相关职业技术课相对应的技能训练课程，培养学生的职业素质和职业技能，主要有：军事技能训练、计算机等级考试上机实训、细胞培养技术实训、生物检测技术实训、生物分离技术实训、生物实验仪器设备操作与维护等课程。

3. 职业综合技能实训

开设职业综合技能训练课程培养学生对各项单项技能的综合运用，提升学生的职业综合能力。要以企业产品、项目、案例等为载体，进行生产性、模拟性仿真性的实训，进一步提高学生的技能水平。如生物医药研发辅助综合实训、职业技能鉴定实训等，组织学生参与校内外、企业、行业及政府部门开展的职业技能竞赛，训练学生的综合能力。要努力营造企业环境，培养学生的职业感觉，强化训练效果。

4. 职业综合社会实践

认识实习与顶岗实习是学生在真实的工作环境中进行技能训练和素质养成的重要环节，要务必落实，并保证学生在企业实习时间3～4个月。顶岗实习一般安排在最后学期，以实现实习与就业相结合。

5. 毕业考核

毕业考核方式有毕业论文、毕业设计、毕业实习报告、毕业综合实验、技能鉴定等，是对学生学习效果的综合考核，可按照各校的办学特色以及专业人才培养方案选择方式和安排时间。社会实践：通过组织学生参加勤工俭学、公益劳动、社团活动、假期社会实践活动和课外志愿者活动等，提高学生综合素质。

三、校内实验实训基地

1. 微生物净化实训室

微生物净化实训室内主要的实训设备有：超净工作台、摇床、恒温培养箱、超低温冰箱、4℃菌种保藏柜等。

主要承担的实训课程有：医药行业卫生学基础、药用微生物技术。

在本实训室主要训练微生物无菌操作的相关技能以及菌种保藏、复苏、培育等相关技能。

2. 细胞培养实训室

细胞培养实训室主要的实训室仪器设备有：生物安全柜、CO_2培养箱、倒置显微镜、酶标仪、高压蒸汽灭菌器、人工气候箱、电子天平、恒温干燥箱等。

主要承担的实训课程有：生物制药技术中的细胞培养技术。

主要训练学生植物细胞培养以及动物细胞培养的相关技能。其中包括：动物细胞原代培养、传代培养、培养细胞的观察和检测，动物细胞冷冻、复苏和运输，动物细胞大规模培养，特殊动物细胞培养，植物细胞的悬浮培养、固定化培养、单细胞培养和原生质体培养，植物细胞大规模培养。

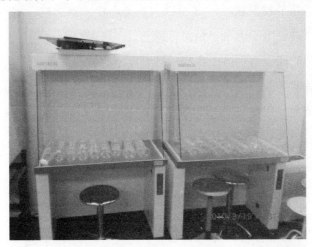

图 2-2　生物安全柜

3. 生物基础实训室

主要的实训仪器设备有：显微镜、电泳仪、分光光度计、电子天平、高压蒸汽灭菌器、恒温干燥箱。

主要承担的课程有：医药基础、生物化学。

图 2 – 3　显微镜

4. 分子生物实训室

PCR 仪、紫外检测仪、DNA 电泳仪、离心机、制冰机、高压蒸汽灭菌器、微量移液器、电子天平、恒温干燥箱。

主要承担的课程有：分子生物学基础、基因操作技术。

主要训练的实验技能有：基因的单元操作、核酸操作技术、基因扩增技术、电泳技术、DNA 体外重组技术。

图 2 – 4　分子生物学基础实训室

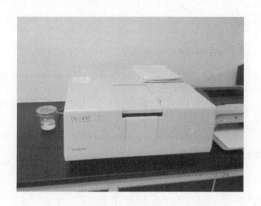

图2-5　紫外-可见分光光度计

5. 生物制药技术实训室

高速冷冻离心机、制冰机、紫外-可见分光光度计、电子天平、高效液相色谱仪、蛋白层析系统、实训室包括生物药品的分离系统及控制生产

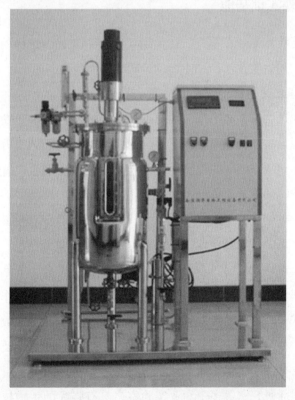

图2-6　小型微机控制发酵罐

的仪器设备的系统。

主要承担的课程有：生物制药技术、生物分离技术。

主要训练的技能包括：可进行工程实验、成果测试，创新研究，培养学生的终合能力。各项分离纯化技术的单项训练、各种检测技术以及检测仪器的使用训练。

6. 发酵工程制药实训车间

低速台式冷冻离心机、恒温摇床、超速冷冻离心机、小型微机控制发酵罐、超净工作台、生物制药设备教学模型。

主要承担的课程有：基因工程制药技术、发酵工程制药技术。

主要训练的技能包括：菌种的选育、培养基的配制、灭菌、扩大培养和接种、发酵过程和产品的分离提纯等方面训练。

四、校外实训基地

生物制药技术专业在第三、四学期实行工学交替，选择的实训基地以生物药物生产和生物技术产品生产的公司的车间为主。

1. 天津华立达生物工程有限公司

天津华立达生物工程有限公司总部位于天津经济技术开发区（TEDA）华立达生物园，占地面积七万六千平方米，总建筑面积约三万平方米，是一座符合国际 cGMP 标准的现代化生物技术药物开发与生产基地，致力于抗病毒、抗肿瘤药物的研究开发和产业化。

华立达公司始建于 1992 年，是我国率先进入基因工程制药产业化领域的企业之一。系中外合资企业，注册资本 2951.4 万美元。

华立达公司建设了由技术经济委员会、学术委员会、国家基因工程制药中试生产基地、研究开发部、注册信息部、博士后科研工作站等部门组成的企业技术中心。已经拥有了包括 6 名博士、硕士在内的数十名生物制药研发队伍，和系统完善的、国际先进的生物工程中试设施及科研检测仪器。基地中设有分子生物学研究室、生物工程发酵研究室、蛋白质纯化研究室、生物制剂研究室等多个专业实验室，具有强大的生物技术药物下游开发、新型制剂研究和产业化转化能力。

图 2 - 7　企业技术中心

　　企业技术中心完成了国家经贸委下达的"国家级基因工程制药中试生产基地"的建设，中试基地采用了先进的科研项目评价和管理体系，并与国内外科研院所、高校保持着密切的合作关系，承担了多项市科委科研攻关项目，开展了"'预充式'基因工程 α - 2b 干扰素注射液"、"干扰素喷雾剂"、"干扰素缓释剂型"、"干扰素乳膏"、"干扰素实体瘤内注射研究"、"氨基酰化酶拆分氨基酸新工艺"、"利巴韦林脂质体口服乳"、"多烯它赛新药"等研究开发任务，获省部级科技进步奖三项，取得了多项省部级科技成果，并申请了十余项国家和世界发明专利。

　　在国家基因工程制药中试生产基地的基础上，建成了基因工程制药学科企业博士后科研工作站，和博士、硕士培养基地，每年与天津大学、南开大学、中国药科大学、沈阳药科大学等高校联合招收硕士、博士及博士后研究人员进站从事研究工作，工作站为其配备了良好的科研、学习和生活条件，并创造活跃的学术氛围。2002 年与南开大学联合建立了国家教委"生命科学与技术人才培养基地"，努力培养和造就高层次生物医药专业人才。工作站成立以来在蛋白质长效制剂、靶向缓释制剂、下游生物技术、细胞生物学、分子生物学、天然药物等领域取得了一系列突破性的科研进展。至 2003 年初已有三名博士后人员和十多名硕士研究生完成科研任务顺利出站。

天津华立达生物工程有限公司是多年来致力于干扰素系列产品的研究开发，试图采用不同的给药方式阻断病毒的各种传播途径：

世界上第一支"预充式"干扰素——安福隆水针：天津市科委支持的重大科技攻关项目，2003 年国家级火炬计划项目，拥有自主知识产权，在世界十多个国家申请了专利保护。安福隆水针采用先进的"预充式"注射器，使用安全方便，患者可在家庭或旅途中自行给药，正在逐步取代传统的干扰素粉针制剂，截至 2002 年底，已在国内 1200 家医院进行了 20 万病例的临床应用。

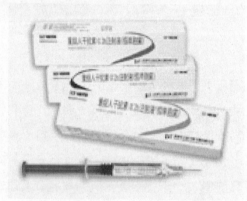

图 2 - 8　"预充式"干扰素—安福隆

世界上第一支重组人干扰素 α - 2b 喷雾剂——捷抚：2003 年度天津市重大高新技术产业化项目，天津市科委科技攻关项目，与天津药物研究院联合研制，拥有自主知识产权。2003 年 3 月 31 日获得国家食品药品监督管理局签发的新药证书和生产批文，成为世界上第一支干扰素喷雾制剂。捷抚采用先进的"喷雾式"包装，非接触性定量给药，具有携带、使用方便，安全卫生、无明显不良反应等优点。

2. 天津生物化学制药有限公司

天津生物化学制药有限公司（以下简称建设单位）前身为天津市生物化学制药厂，始建于 1943 年，历史悠久。2007 年 12 月由天津市医药集团有限公司与天津力生制药股份有限公司共同投资完成公司改制，是一个具有六十多年研发、生产生物制剂及化学药物制剂的现代化制药企业。

图 2 – 9　干扰素 α – 2b 喷雾剂—捷抚

建设单位 2005 年底迁入天津港保税区空港经济区，厂区占地面积 38208 m²。拥有研究所与中心化验室，按 GMP 标准设计建造的现代化生产车间，七条（含激素类）高标准生产线，"生化"牌产品有冻干粉针剂、小容量注射剂、原料药三大剂型共 47 个品种，年生产能力 5500 万支。建设单位自 2006 年起连续五年被评为"天津保税区百强企业"，2008 年被认定为"天津市企业技术中心"，"天津市 A 级纳税企业"，荣获"天津市'五一'劳动奖状"，2009 年再次被认定为"天津市高新技术企业"。"生化"牌商标为天津市著名商标。

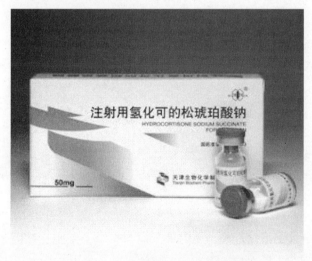

图 2 – 10　注射用氢化可的松琥珀酸钠

3. 天津昂赛细胞基因工程有限公司

图 2-11   天津昂赛细胞基因工程有限公司

天津昂赛细胞基因工程有限公司暨细胞产品国家工程研究中心,主要经营细胞工程相关产品的技术开发及研制;细胞系列技术工程产品的技术开发及研制;细胞治疗技术、细胞抗体、基因药物的技术开发与研制。

中心拥有先进的仪器设备和 525 m^2 的实验室,建有脐带间充质 GMP 级生产车间(包括万级生产区和检验区);建立了标准化的干细胞分离、检测、培养、扩增和保存的配套工艺技术和质量控制体系;运用拥有自主知识产权的《人胎盘、脐带间充质干细胞库及其构建方法》,建成了全球首个脐带间充质干细胞库。

图 2-12   GMP 级生产车间

主要从事细胞治疗产品、体内外分离与扩增干细胞、基因工程多肽药物等的研究开发,旨在加速干细胞工程技术开发和基因工程药物的科研成果向现实生产力转化。

图 2 - 13 　细胞产品研发人员

细胞产品国家工程研究中心／天津昂赛细胞基因工程有限公司的发展目标是：建设成为世界一流、国内领先的细胞产品研究、开发、存储和应用中心，真正承担起推广和扶植各地干细胞研究和应用的责任，成为我国干细胞产业化领域的领跑者，带动国家细胞产品生物产业链和产业群的发展和繁荣。

4. 天津市医药集团技术发展有限公司

天津市医药集团技术发展有限公司是天津市医药集团有限公司、天津中新药业集团股份有限公司和天津药物研究院于 1998 年为发挥各自优势、体现产研结合共同组建的高科技公司。

研究团队从 1996 年成立至今在天津药物研究院的重点培育及天津市科委和天津市医药集团的大力支持下迅速成长，在头孢菌素中间体及新药开发中取得了丰硕的成果，先后完成了国家"九五"攻关项目和天津市攻关项目头孢菌素关键中间体 GCLE 的研制；在全国率先独家获得第三代头孢菌素新药头孢地尼的新药证书，并开发了系列头孢菌素药物及中间体，均已实现产业化；先后申请多项国家发明专利，已获发明专利授权 5 项。公司经过人员和资产的优化重组，通过与企业的紧密结合，在化学原料药和中间体的工艺研究、中试放大、生产工艺优化等方面，尤其在抗感染领域药物及其重要中间体的研发、合成、半合成工艺研究方面具有特色。

公司科研团队前身为原天津药物研究院化学制药部抗感染药物领域各课题组，现公司由药物合成室及质量研究室组成，公司现有研究员 2 人，副研究员 1 人，高级工程师 3 人，享受国务院政府特殊津贴专家 1 人，本科以上学历人员占75%。公司配有多种现代化合成设备及检测仪器，如高效液相色谱仪、紫外光谱仪，水分测定仪、低温反应器、进口旋转薄膜蒸发仪、25L进口玻璃反应罐、高压反应釜、高真空蒸馏及冻干设备，可满足药物开发研究工作的需要。

模块三　行业好，发展有潜力

近年来，我国制药业发展迅速，现已注册的医药生产企业7165家，通过GMP认证的有4000多家，在国家食品药品监督管理局注册的原料药生产企业1642家，获得GMP认证企业生产的原料药有3700多个。十一五期间，天津市第四批20项重大工业项目，生物医药产业化项目总投资达49.2亿元。

任务一　生物产业发展状况与展望

一、生物医药产业的发展历程

（一）生物学的发展，尤其是阐明许多疾病的微生物学的发展，促进了医药工业的创新发展。

生物医药的发展与文艺复兴后生物科学的发展是密不可分的。1796年英国科学家Jenner发明了用牛痘疫苗治疗天花的技术，从此用生物制品预防传染病得到了肯定。1877年，Pasteur研究了鸡霍乱，发现将病原菌减毒可诱发免疫性，以预防鸡霍乱病。其后他又研究了牛、羊炭疽病和狂犬病，并首次制成狂犬疫苗，证实其免疫学说，促进了医药学的发展。Pasteur还在细菌学上做出了巨大贡献，从而开创了第一次药学革命。在病原菌研究方面，柯赫发现了肺结核病的病原菌，其因此也获得了诺贝尔奖。正因为柯赫的开创性工作，19世纪70年代至20世纪20年代是发现病原菌的黄金年代，所发现的各种病原微生物不下百余种。

（二）近代深层发酵技术的发展，促进了发酵制药工业的快速崛起

1928 年，英国圣玛丽医学院的讲师 Fleming 在一次偶然的试验中，发现培养基边缘有一块因溶菌而显示的透明抑菌圈，因此发现青霉素的存在，并于次年 6 月发表论文，最终使其获诺贝尔奖。弗莱明后来设法培养青霉菌，但青霉素的提纯问题一直没解决。到了 1935 年，牛津大学的生化学家 Chain 和物理学家 Floroy 对 Fleming 的发现很感兴趣，进行了青霉菌的培养、分离和纯化，提高了其抗菌力。直至 1940 年，第二次世界大战爆发，大量的感染用药的需求与大型的医药企业的参与，直接催生了近代一个非常重要的抗生素工业的快速崛起。在这期间，抗生素的深层发酵法逐步建立起来，建立了成熟的发酵技术和发酵工艺，这标志着以纯种发酵为特征的近代生物制药技术发展起来。

20 世纪 50 年代是人类抗生素发现的黄金年代，各种不同类型的抗生素相继被发现，继而又扩展到氨基酸、酶制剂、维生素、甾体激素以及其他工业品和食品生产。

图 3 - 1　英国科学家 Fleming

（三）DNA 双螺旋结构发现以来，生物医药工业加速发展

1953 年，Watson 和 Crick 发现了 DNA 双螺旋结构，为在分子水平上研究遗传物质 DNA 及其后 DNA 重组技术奠定了基础，使生物医药技术进入

了一个新时代。1982 年，第一个基因工程药物——基因重组胰岛素上市以后，基因工程药物的研究与开发进入一个大的发展时期。2003 年至 2004 年间，与基因重组类生物技术类药物的年销售额已突破 400 亿美元。生物医药产业已成为制药业乃至整个国民经济增长中的新亮点，被认为是"21 世纪的钻石产业"。

表 3-1　生物药物的发展概况

年份	事件
1953	DNA 双螺旋结构的发展
1966	破译遗传密码
1970	发现限制性内切酶
1971	第一次完全合成基因
1973	用限制性内切酶和连接酶第一次完成 DNA 的切割和连接，揭开了基因重组的序幕
1975	杂交瘤技术创立，揭开了抗体工程的序幕
1977	第一次在细菌中表达人类基因
1978	基因重组人胰岛素在大肠杆菌中的成功表达
1982	FDA 批准了第一个基因重组生物制品—胰岛素上市
1983	PCR 技术出现
1984	嵌合抗体技术创立
1986	第一个治疗性单克隆抗体药物获准上市，用于防止肾移植排斥
1986	第一个基因重组疫苗（乙肝疫苗）上市
1987	第一个用动物细胞（CHO）表达的基因工程产品 t-PA 上市
1990	人源抗体制备技术创立
1994	第一个基因重组嵌合抗体 ReoPro 上市
1997	第一个肿瘤治疗的治疗性抗体 Rituxan 上市
1998	第一次分离了人胚胎干细胞
2000	人类基因组草图绘制
2002	第一个治疗性人源抗体 Humira 获准上市
2004	中国批准了第一个基因治疗药物—重组人 p53 腺病毒注射液

二、生物医药产业的发展现状及未来展望

(一) 生物医药产业特点

众所周知,生物医药产业具有"三高一长"的产业特征,即"高投入"、"高收益"、"高风险",同时伴随着"长周期"。

首先,生物医药产业需要相当大的前期研发投入,主要用于新产品的研究开发及医药厂房的建造和设备仪器的配置方面。目前国外研究开发一个新的生物新药的平均费用在 1 亿~3 亿美元左右,并随新药开发难度的增加而增加。全球研发前十位的制药公司研发费用占其销售额的 10%~20%,一些大型生物制药公司甚至超过了 40%。

其次,生物新药研发具有十分丰厚的利润回报。新药一般上市后 2~3 年即可收回所有投资,尤其是拥有创新产品、专利产品的企业,一旦开发成功便会形成技术垄断优势,利润回报能高达 10 倍以上。

再次,生物医药产品的研发风险较大。一个获批上市的药物一般都是从上万种化合物中筛选出来的,同时在开发过程中任何一个环节失败都将前功尽弃。例如:只有大约 10% 的潜在新药能够通过临床前试验。故而,投入多年人力、财力和物力后的研发项目受挫将对企业影响巨大。如今生物医药研发经历了新一轮扩容,其呈现出鲜明的特点:从过去单纯的研发外包发展到范围更广、形式更多样的合作,以项目形式的合作成为一种趋势。另外,不及时将研发成果产业化,企业也将面临被淘汰的风险。为了规避研发风险,跨国制药巨头逐渐改变在华投资的单一方式。例如,赛诺菲-安万特宣布在华研发规模扩展计划。在这两年的研发转移热潮之后,其并不是唯一宣布进一步扩大在华研发业务的外企。无独有偶,不到一周前,礼来亦宣布设立中国研发总部,将成为一支科研管理和风险投资的团队。

最后,药品生产是监管程度最严的行业,生物药品从开始研制到最终转化为产品要经过实验室研究、中试生产、临床试验、规模化生产等多个环节,每个环节的严格复杂的药政审批程序,所以开发一种新药周期较

长，一般需要 10 年左右的时间。

（二）世界生物医药产业的发展现状及展望

1. 各国政府均加大了政策支持力度支持生物医药产业发展。

新世纪以来，各国政府相继出台一系列重大措施支持生物医药产业的发展。美国在奥巴马政府上台后，大力推行医疗改革制度，放宽仿制药限制，特别是解除了对联邦政府资金支持胚胎干细胞研究的限制，2008 年全美药物研究和生物技术公司新药和新疫苗研发投入高达 652 亿美元，显示出其抢抓生物医药未来龙头的意图；欧盟委员会和欧洲制药工业协会联合会向 15 个公共和私营部门合作项目投资，以促进创新药品研发上市，提高药物安全性；日本近日修订了《药事法》，为日本企业在海外建设的合资企业进入日本药品销售市场开辟了道路。

2. 产业规模持续扩大，研发投入持续增长

金融危机并未对生物医药产业的发展形成显著影响。2008 年，全球性的金融危机对世界经济造成了巨大冲击。而对于生物医药产业而言，由于其需求具有较强的刚性，在危机中受影响较小，在金融风暴中一枝独秀，产业规模不断壮大。由于发达国家的主销药品失去专利保护以及新兴国家医药市场的强劲增长，2009 年，全球医药市场规模增长 7.0%，达到 8370 亿美元。据 IMS Health 公司研究报告预测，未来 5 年内，全球药品销售额的增长率将稳定在 5%～8% 左右，2014 年突破 1.1 万亿美元。届时生物医药将与信息产业并驾齐驱，成为最具活力和发展空间的战略性支柱产业之一。

全球范围内尚有超过 2200 种生物技术药物在研发阶段，其中 1700 余种已进入临床试验，将成为未来新的产业增长点。根据 Frost & Sullivan 公司的市场分析报告，预计生物技术药物销售额将于 2011 年突破性地达到 982 亿美元。

3. 发达国家重视生物研发，新兴国家增长迅速

在金融危机、经济放缓的大背景下，美国生物制药研发活动仍然逆流而上，2008 年研发投入再上新台阶。据美国药品研究与制造商协会（PhR-

MA）近期公布一份研究报告显示，2008 年全美药物研究和生物技术公司新药和新疫苗研发投入高达 652 亿美元，较 2007 年增加约 20 亿美元，再创历史新高，其中仅 PhRMA 成员公司的药物 R&D 费用就高达 503 亿美元，较上年的 479 亿美元增长了 5%。另外，美国生物医药产业已在世界上确立了代际优势。即比最接近的竞争对手如英国、德国等生物医药强国，在技术和产业发展上，要至少先进两代以上。

英国是仅次于美国的生物医药研发强国，产业的科学基础是其他欧洲国家无法比拟的，在这一领域，英国已经获得了 20 多个诺贝尔奖。

日本在 2002 年 12 月提出生物技术产业立国的口号，经济产业省出台了产业园区计划，积极推进产业园区的形成。形成了包含各种高科技的主题园区 18 个，而其中的 11 个都是以生物技术或生命科学为重点的产业园区，如大阪生物技术产业园区、神户地区产业园区和北海道物技术产业园区等。

伴随着新兴医药市场的快速增长，全球医药市场开始出现向新兴国家转移的趋势。2009 年全球医药经济 1/3 的增长来源于新兴市场，2010 年 ~ 2014 年间，以亚太和拉美地区为代表的新兴医药市场预计将以 14% ~ 17% 的速度增长，而主要的发达医药市场的增长率将仅为 3% ~ 6%。到 2014 年，新兴医药市场的药品销售额的累计增长金额将与发达医药市场持平，达到 1200 亿 ~ 1400 亿美元。③印度目前生物医药产业发展十分迅速，将生物医药与信息学不断融合，是印度生物医药产业发展的一大特色，已成为亚太地区五个新兴的生物科技领先国家和地区之一。日本生物医药领域的发展起步晚于欧美国家，但发展非常迅猛。

 知识链接

【2011 年全球 10 强医药企业公布排名】

日前，国外医药杂志《制药经理人》公布 2011 年全球 50 强医药企业，排名前 10 位的企业分别是辉瑞（Pfizer）、诺华（Novartis）、默沙东

（Merck）、赛诺菲（Sanofi）、罗氏（Roche）、葛兰素史克（GlaxoSmithK-line）等。其中辉瑞和诺华2011年销售额均超过500亿美元。从排名位置看，默沙东和雅培都上升一位。

表3-2　2011年全球药物销售额前10位企业

2011年排名	公司	公司总部所在地	2011年全球药物销售额（亿美元）	2010年排名
1	辉瑞（Pfizer）	美国	577	1
2	诺华（Novartis）	瑞士	540	2
3	默沙东（Merck）	美国	413	4
4	赛诺菲（Sanofi）	法国	370	3
5	罗氏（Roche）	瑞士	349	5
6	葛兰素史克（GlaxoSmithKline）	英国	344	6
7	阿斯利康（AstraZeneca）	英国	336	7
8	强生（Johnson & Johnson）	美国	244	8
9	雅培（Abbott）	美国	224	10
10	礼来（Eli Lilly）	美国	219	9

2011年，全球药物销售额前10位企业合共研发费用超过656亿美元，其中辉瑞和诺华研发费用均超91亿美元。除了第10位的雅培外，其他9大企业研发费用均超50亿元。

表3-3　2011年全球药物研发费用前10位企业

2011年排名	公司	公司总部所在地	2011年研发费用（亿美元）
1	辉瑞（Pfizer）	美国	91.12
2	诺华（Novartis）	瑞士	91.00
3	默沙东（Merck）	美国	84.67
4	罗氏（Roche）	美国	78.62
5	赛诺菲（Sanofi）	法国	60.07

续表

2011 年排名	公司	公司总部所在地	2011 年研发费用（亿美元）
6	葛兰素史克（GlaxoSmithKline）	英国	58.22
7	强生（Johnson & Johnson）	美国	51.38
8	阿斯利康（AstraZeneca）	英国	50.33
9	礼来（Eli Lilly）	美国	50.20
10	雅培（Abbott）	美国	41.29

（三）我国生物医药产业的发展现状及展望

1. 我国生物医药产业政策

（1）《国家中长期科学和技术发展规划纲要》 2006 年 2 月 9 日，为全面建设小康社会、加快推进社会主义现代化建设，国务院发布《国家中长期科学和技术发展规划纲要（2006－2020 年）》，将生物技术和新材料技术等列为"前沿技术"，加以重点发展支持；要求把生物技术作为未来高技术产业迎头赶上的重点，加强生物技术在农业、工业、人口与健康等领域的应用。

（2）《促进生物产业加快发展的若干政策》 2009 年 6 月 2 日，为加快把生物产业培育成为高技术领域的支柱产业和国家的战略性新兴产业，国务院办公厅发布《促进生物产业加快发展的若干政策》，将生物医药和生物制药领域作为重点发展的领域，要求加速生物产业规模化、集聚化和国际化发展。

（3）《中共中央关于制定"十二五"规划的建议》 2010 年 10 月 18日下午，中国共产党第十七届中央委员会召开第五次全体会议，会议通过了《中共中央关于制定国民经济和社会发展第十二个五年规划的建议》，作为国民经济和社会发展第十二个五年规划，是全面建设小康社会进程中的重要规划，其中明确提出要加快发展生物产业，充分发挥我国特有的资源优势和技术优势，面向健康、农业、环保、能源和材料等领域的重大需求，努力实现关键技术和重要产品研制的新突破。紧紧抓住我国发展的重要战略机遇期，为全面建成小康社会打下具有决定性意义的基础。这是

"十二五"规划建议承上启下、与时俱进的历史新方位。

（4）《生物产业发展"十二五"规划》 《生物产业发展"十二五"规划》是国民经济和社会发展第十二个五年规划体系中的专项规划之一，也是正在编制的《战略性新兴产业发展"十二五"规划》的配套专项规划之一。从生物产业的技术创新方向、产业化与产业发展主要任务、产业布局、市场培育、人才培养，以及财税政策、投融资政策等多方面开展促进生物产业发展。规划认为生物产业将成为继信息产业之后世界经济中又一个新的主导产业，生物科技革命将为人类社会发展提供新资源、新手段、新途径，引发医药、农业、能源、材料等领域新的产业革命，有效缓解人类社会可持续发展所面临的健康、食品、资源等重大问题，并提出加速我国生物产业发展具有重大战略意义，要求加快发展生物医药行业。规划中提出，"十二五"末生物产业产值达到 4 万亿，其中医药产业总产值达到3.6 万亿。

2. 我国生物医药产业发展现状

（1）生物产业正在成为中国高技术领域新的增长点 我国生物产业规模近年来不断扩大。生物医药稳步增长，经济效益大幅增加。2011 年 1~6 月，生物生化药品制造业实现产值 740.79 亿元，同比增长 25.4%。生物产业正在成为中国高技术领域新的增长点。生物产业在"十二五"期间将迎来一段崭新的发展历程。

2000 年以来，我国生物医药产业进入快速发展阶段，2000~2008 年全国医药工业产品销售收入年均增长达 20.45%。2009 年 1~8 月我国共实现医药工业总产值 6158.77 亿元，同比增长 17.39%，全年有望达到 1 万亿元。2010 年随着新型农村合作医疗，新医改政策带来的市场扩容，医药工业总值预计达 12580 亿元。近年来国家不断加大项目支持和资金投入，产业发展环境得到了进一步的优化。2009 年 5 月，"重大新药创制"正式启动实施，这是我国科技领域实施的 16 个重大专项之一，也是中国医药科技领域有史以来投入最多、社会关注度最高的科技项目，获得中央财政 66 亿元的支持，并将带动地方及企业 178 亿元的投资。2009 年 6 月，国务院出台了《促进生物产业加快发展若干政策》，明确地提出把生物产业培育成国家高技术产业的支柱产业。2010 年两会期间召开的"加快经济发展方式转变，大力发展战略性新兴产业"提案办理协商会上，生物医药又被确定的我国战略性新兴产业之一。

（2）中国生物医药产业集群已初步形成以长三角、环渤海为核心，珠三角、东北等东部沿海地区集聚发展的总体产业空间格局 已批准设立国家级生物产业基地的省市已达到 21 个，主要分布在环渤海与长三角地区。其中，环渤海地区有 9 家基地，长三角地区有 6 家基地，分别占东部沿海基地总数的 53% 与 35%。

未来中国生物医药产业空间演变将呈现出三大趋势：首先是区域不平衡发展将进一步凸显，东部沿海地区仍将是发展的重心，与中西部差距将持续拉大；其次是地域分工更加明显，研发要素将进一步向上海、北京集聚，制造环节加速向江苏、山东集聚；最后是热点区域将不断涌现。深圳、武汉、长沙快速发展，太原、厦门、兰州等区域中心城市将成为新兴热点。

在这其中，渤海区域生物医药产业发展迅速。

北京市是环渤海地区生物医药的研发中心，初步形成以生命所、芯片中心和蛋白质组中心为主体的研发创新体系。北京的人才优势突出，拥有丰富的临床资源和一大批新药筛选、安全评价、中试与质量控制等关键技术平台。北京生物医药研发服务业的年收入已经突破 50 亿元。作为全国生物医药创新中心，北京拥有领先的科技资源和丰富的临床资源，具备一批拥有专有技术的研发服务机构，发展医药研发服务业优势明显。从服务内容来看，北京市在药物临床试验服务、药物非临床安全性评价、基因组技术服务、新药开发与转让服务等方面已形成规模，进入了快速成长期。以药物非临床安全性评价为例，本市现已拥有非临床安全性评价中心 8 家，在这一领域位居全国领先地位。

天津市以出口为导向，科技支撑实力突出，聚集了 500 多家从事生产和研发的相关机构，中药现代化居全国领先水平，是环渤海地区重要的现代生物医药产业制造基地和关键技术的研发转化基地。天津是全国重要的生物医药产业基地，先后被国家发改委、商务部和科技部认定为"国家生物产业基地"、"国家医药产品出口基地"和"中药现代化科技产业基地"。

　　山东省、河北省是环渤海地区生物医药制造业的重要省份，均具有良好的传统医药产业基础。山东是我国的生物制药产业大省，具有国内领先的新药研发和产业化资源优势，该省的行业产值、利税多年来位居全国前列。河北是我国的生物医药的制造基地，聚集了一批在全国有影响力、有竞争力的制药企业。

　　（3）天津滨海新区生物医药发展现状：生物医药在区域内引领先进制造业的发展　滨海新区是天津市生物医药产业的主要聚集地，尤其是"四部一市"在滨海新区共建的国家生物医药国际创新园以来，新区的生物医药产业增势迅猛，自主创新能力不断增强，为"十二五"期间产业实现跨越式发展奠定了良好的基础。

　　①生物医药飞速发展，产业规模快速提升。在天津滨海新区，作为滨海新区八大优势产业的生物医药产业飞速发展。数据显示，滨海新区生物医药产业 2011 年全年完成工业总产值 217.1 亿元，同比增长 11.5%。

　　滨海新区正逐步形成"创新—孵化—中试—生产"生物医药产业链，"十二五"期间将发展成为国家级生物医药产业基地，已有凯莱英、诺和诺德、诺维信、葛兰素史克、施维雅、金耀集团等超 100 家国内外著名生物医药生产企业和园区孵化器纷纷落户于此，全市 50% 以上的生物技术和现代医药企业在这里聚集，产业规模以年均增长率 40% 快速提升。

　　②自主创新不断增强，服务水平不断提高。在滨海新区新药研发方面，自主研发的间充质干细胞注射液、第四代抗艾滋病药物——西夫韦肽、治疗骨髓瘤的"环化变构肿瘤坏死因子相关凋亡诱导配体（CPT）"以及预防肺结核的"无细胞耻垢分枝杆菌疫苗"等一批创新药物进入临床试验阶段。

　　同时，天津国际生物医药联合研究院、国家生物医药国际创新园、军事医学科学院、中科院工业生物技术研发中心、国家干细胞工程技术研究中心等一批高水平国字号研发机构也相继落户新区，提高了滨海新区生物医药产业的服务水平。以天津国际生物医药联合研究院为例，去年全年共支持了包括 23 个 1 类药在内的 59 个新药的研发，获得 5 个新药证书和 19 个新药临床研究批件。以超级细菌 NDM-1 的关键蛋白结构解析、人手足口病病原体 EV71 病毒与疫苗研究为代表的各项专利达 103 项。9 个临床项目通过专家评审，已产业化生产。

③政策支持不断促进产业发展。生物医药产业是天津开发区近年来优先鼓励发展的产业之一，政府从土地、厂房租金、能源贴费、税收和财政扶植等方面都给予了最大鼓励。为加快发展生物医药产业，2007年6月天津与国家科技部签署合作协议，在滨海新区共建"国家生物医药国际创新园"。天津经济技术开发区作为"国家生物医药国际创新园"重要的起步区域，通过持续在医药产业的规划、培育和创新等方面做出积极的努力和贡献，为未来该基地的建设和发展奠定良好基础。从近年来葛兰素史克、诺和诺德、药明康德公司等国内外的知名药企的投资项目陆续迁入，到现代中药产业园、华立达生物园等子项目的日渐建设成形，在天津经济技术开发区一条集产品研发、技术转化、生产制造、商业物流和展示交流的生物技术产业链已初具规模，天津开发区正全力加快建设和打造具有国际竞争力的生物医药产业化基地。截至2009年底，开发区生物医药类企业达到120家，外资企业约50家，内资企业约70家，形成了制造以外资企业为主，研发创新以内资企业为主的聚集特点。从2001年到2009年，开发区生物医药产业一直保持快速增长态势，年均增长率为37%。2009年，开发区生物医药产业实现产值95.75亿元人民币，同比增长39.1%，超过全区工业总产值增速16.4个百分点。

天津滨海新区筹备设立50亿元的"生物医药产业发展基金"，支持滨海新区生物医药企业发展，大力促进国内外生物医药领域知名企业、研发机构聚集，吸引并扶持具有自主知识产权和国际竞争力的生物医药产品研发与产业化项目。市科委每年将安排不低于1亿元的生物医药研发转化专项资金，用于支持新药研发与转化，并根据不同研发阶段及项目规模，安排资助额度最高达1000万元的补贴。

截至目前，天津信汇制药有限公司年产120吨头孢菌素中间体GCLE改扩建等一批产业项目已经建成并投入生产，新增利税近10亿元。天津昂赛细胞基因工程有限公司脐带间充质干细胞治疗产品以及基因工程重组PF4和HAPO新药研制、药明康德新药开发公司药物模板及药用化合物库高技术产业化示范工程、凯莱英生命科学技术（天津）有限公司高标准原料药生产关键技术开发及产业化等 30 多项重点项目也在积极推进，预计可新增年销售收入近 50 亿元。

3. 中国生物医药产业展望

（1）生物医药产业在我国发展迅猛生物医药产业化进程明显加快，投资规模与市场规模迅速扩张 "十二五"期间，我国生物医药产业将进入以"量的规模扩张和质的起步追赶"为核心内容的整体提升阶段。"十二五"时期，国内市场需求的快速增长为产业发展带来机遇和提供推进动力。受人口老龄化、人均用药水平的不断提高、用药的疾病谱变化和新医改政策的刺激等因素的影响，生物医药市场需求将强劲增长。根据国家规划，到"十二五"末，生物医药产业规模将达到 3 万亿元，复合增长率 20% 以上；形成 10 ~ 20 个龙头企业，产业集中度明显提高；研发投入强度显著提高，产业化技术和装备研制水平和配套性大幅提升。

（2）产业政策倾力扶持，高度重视生物产业发展 我国政府把生物技术产业作为 21 世纪优先发展的战略性产业，加大对生物医药产业的政策扶持与资金投入。"十二五"规划明确提出"十二五"期间医药的发展重点在于生物制药、中药现代化等。国家对生物医药产品的开发、生产和销售制订了一系列扶持政策，包括对生物制药企业实行多方面税收优惠、延长产品保护期和提供研发资金支持等。同时，国家为加强行业管理，对生物医药产品的研制和生产采取严格的审批程序，并针对重复建设严重这一情况，对部分生物医药产品的项目审批采取了限制家数的措施，以确保新药的市场独占权合理的利润回报，鼓励新药的研制。

（3）国家制定了中长期生物技术人才发展规划 规划中指出全球生物技术及产业发展呈现四大趋势：一是生物技术已经成为许多国家科研开发和资金投入的战略重点；二是生物技术已经成为国际科技竞争的重点之一；三是生物产业正在成为新的经济增长点；四是生物安全已经成为保障国家安全的重要组成部分。《国家中长期科学和技术发展规划纲要（2006 – 2020 年）》把生物技术作为科技发展的五个战略重点之一。经过一系列战略部署和努力，探索了适合我国国情的人才引进、培养和使用机制，我国生物技术人才工作取得了长足进展，培养了一批优秀人才，吸引了一批海外尖端人才，一定程度上提高了我国生物技术领域科研创新能力，生物技术人才工作呈现良好局面。

（4）具有较大产业化前景的科研成果与重点领域实现突破　1995 年，我国批准上市的基因药物仅有 3 个，此后迅速增加，到 2004 年，我国已批准 25 种基因工程药物和疫苗上市，其中基因工程药物 20 种，包含不同规格产品 349 个；基因工程疫苗 5 种，包含不同规格疫苗 20 个。据不完全统计，我国批准上市的主要医用诊断试剂产品共有 490 种，其中医用酶免试剂产品 213 种、快速诊断及 PCR 试剂品种 95 种、常用化学发光试剂 64 种、放免试剂 118 种。据了解，目前全国有一大批生物技术科研成果或已申报专利、或进入临床阶段或正在处于规模生产前期阶段，具有较大的产业化前景，因此我国生物医药产品上市将会保持稳步发展态势。"十二五"期间，我国生物医药产业面临突破性发展的战略机遇。生物医药产业是我国与发达国家差距相对较小的高技术领域。我国具有发展生物医药产业的一定产业基础和巨大市场需求，有可能在生物医药的部分领域发挥优势，参与国际分工，实现局部的跨越式发展。

在天津滨海新区，到 2015 年前后，将形成以跨国公司、国内医药龙头企业和大量中小创新型企业为主体的生物医药产业集群，打造出以哺乳细胞培养—单克隆抗体为代表的生物药产品链；以化合物筛选—动物实验—临床研究为代表的医药研发服务外包业务链；以高端原料药—仿制药—成品药出口为代表的化学药产品链；以植物有效成分提取、纯化—复合药物—新型植物药制剂为代的植物药产品链；以诊断试剂—基因芯片—诊断仪器为代表的医疗器械产品链。

 知识链接

统计数据显示 2011 年投资医疗健康产业金额创新高

根据清科研究中心 14 日最新发布的统计数据，2011 年中国医疗健康产业的投资案例数与投资金额创下历年新高，共披露 158 起投资案例，涉

及投资金额达 41.37 亿美元，这一金额几乎与 2006 年至 2010 年的累计投资金额相当。

清科表示，一方面受益于整体 VC /PE 投资案例和金额的增长，同时显示出生物医药产业作为国家战略性新兴产业对资本的吸引力。

医药行业最受关注

从 2011 年的医疗建行产业投资二级行业分布来看，医药行业发生的投资案例数达到 92 起，占比达到 59%，较之前的年度医药行业投资案例数占比有进一步增加的趋势，是最受 VC /PE 青睐的医疗健康二级行业。跟随其后的二级行业包括，医疗设备、医疗服务、生物工程等。

清科报告指出，医药行业是医疗健康产业各子行业中最受资本青睐和关注的领域，不论 VC /PE 投资数量还是 IPO 数量均领先于其他子行业。受益于人口老龄化带来用药需求增加、医保制度日渐完善、资本对中国这一尚不饱和市场的投入与推动等因素的作用下，业界普遍认为 21 世纪的第二个十年将是中国医药行业发展的黄金十年。

另外，从币种投资的分布情况来看，人民币投资以案例数领先于外币投资，2011 年中国医疗健康领域共披露 108 起人民币投资，而外币投资则仅为 47 起，另有 3 起投资币种未披露。而从币种投资的金额来看，情况则恰恰相反，2011 年医疗健康领域人民币投资所披露的金额为 7.80 亿美元，外币投资则数倍于人民币投资的金额达到 33 亿。

清科研究中心认为，对于中国医药企业的投资机会，可以从几个角度着眼：一是化学仿制药品及 API 研发制造。中国医药企业参与化学仿制药市场，一方面可以通过给药途径或剂型的创新，使得该药物制剂能够被认定为国家二至五类药物，从而获得相应的新药保护，另一方面开发即将到期和新近到期药物的原料药和中间体，也是企业抓住仿制药市场机遇的策略之一；二是生物及生化药品。值得关注的生物制剂领域则包括单抗药物和长效重组蛋白药物，这些领域被认为是中国最可能出现重磅炸弹的领域。此外疫苗领域也值得资本的关注。三是医药外包服务，清科指出，目前最受关注的医药外包服务主要是指研发外包，国际 CRO（研发外包）市场中，又以临床试验业务占比最大。

医药流通领域并购频发

2011 年 5 月，商务部发布了《2010－2015 年全国医药流通行业发展规划》，大力推动医药流通企业通过收购、合并、参股和控股等方式做大做强，实现规模化、集约化经营。提出了包括发展现代医药物流，提高药品流通效率，促进连锁经营发展等八项主要任务和相关的保障措施，来达到实现行业整合和优化行业结构的目标，由此推动了 2011 年中国医药流通产业的并购整合行为。

2011 年中国医药流通领域供披露了 14 起投资案例，并购方既包括国药控股、上海医药、华东医药、英特医药、南京医药这样的全国或地方大型批发分销企业，也包括嘉事堂、老百姓大药房这样的药品零售企业。从地域分布来看，江浙沪地区的医药流通并购案例达到 9 起，是并购最为集中的区域。

医疗健康行业企业融资额有所下降

据清科统计，2011 年中国医疗健康产业共有 28 家企业成功 IPO，融资额达到 53.33 亿美元，融资额与上市企业数量较 2010 年的峰值时期均有所下降，这一下行趋势主要是由于整体 IPO 市场的低迷。据清科数据库统计，2011 年整体中国企业上市数量比上年减少 120 家，融资额减少了41.6%，而医疗健康行业由于需求的刚性以及中国医疗保障制度的完善，对资本的吸引力相对较强，其下跌幅度低于整体水平。

而 2009 年创业板的开板，为国内企业上市融资拓宽了途径。尽管创业板降低了企业的 IPO 门槛，近年的医疗健康产业 IPO 平均融资额却并没有下降。2011 年平均融资额达到 1.90 亿美元，略高于上年的 1.87 亿美元，以及 2009 年的 1.70 亿美元，其中大型医药流通企业上海医药通过香港主板融资 152.77 亿港元的 IPO 事件，对于平均融资额的提升有较大的贡献。

（摘自经济参考报）

任务二　认识生物医药龙头企业

一、辉瑞公司

1849 年，查尔斯·辉瑞和查尔斯·厄尔哈特表兄弟俩在纽约布鲁克林的一座红砖楼房中创立了查尔斯·辉瑞公司。辉瑞，致力于运用科学以及公司的全球资源来改善每个生命阶段的健康状况。在人类、动物药品的探索、开发和生产过程中，致力于设定品质、安全和价值标准。多样化的全球保健产品包括人类、动物药品中的生物药品、小分子药品和疫苗，营养制品，以及许多世界驰名的消费产品。每天，世界各地成熟市场和新兴市场的辉瑞员工致力于推进健康，以及能够应对这个时代最为棘手的疾病的预防和治疗方案。辉瑞还与世界各地的医疗卫生专业人士、政府和社区合作，支持世界各地的人们能够获得更为可靠和可承付的医疗卫生服务。这与辉瑞作为一家世界领先的生物制药公司的责任是一致的。160 多年来，辉瑞一直努力为人们提供更好、更优质的服务。2011 年销售收入 674 亿美元。

①2011 年研发投入近 70 亿美元；

②全球排名第 1 的普药和特药公司；

③超过 60 个产品的销售超过 1 亿美元；

④业务遍布全球约 150 个国家/地区；

⑤有 15 个产品的销售超过 10 亿美元；

⑥全球 100 000 名员工；

⑦全球 76 个生产设施；

⑧在北美、欧洲和亚洲有主要的研发运作和合作。

从 20 世纪 80 年代开始，辉瑞陆续在大连、苏州和无锡等地建立了 8 个先进的制药工厂，生产药品、营养品、健康药物、动物保健品和胶囊产品。

图 3 - 2　辉瑞大连工厂

辉瑞大连工厂建立于 1989 年，是中国第一个获得 GMP 认证的工厂。

二、葛兰素史克

葛兰素史克公司（GlaxoSmithKline）总部设在英国，以美国为业务营运中心。公司在世界 39 个国家拥有 99 个生产基地，产品远销全球 191 个国家和地区，在全球拥有 10 万余名既掌握专业技能又有奉献精神的出色员工。葛兰素史克公司在中国的历史最早可追溯至 20 世纪初叶。自 20 世纪 80 年代以来，在中国政府改革开放政策的感召下，公司在中国积极投资，将最先进的制药技术、最优质的产品、最新型的商业模式、最现代化的管

图 3 - 3　葛兰素史克（天津）有限公司

理理念和市场营销技巧引入了中国。

葛兰素史克（中国）投资有限公司（GSK）与天津中新药业集团股份有限公司、天津市医药公司合资建立的一家现代化制药企业，其经营范围包括生产、加工、分装和销售供人用的制剂产品、保健产品及相关产品。

主要生产胶囊、片剂、软膏三种剂型，生产能力23亿片/粒/支，代表产品有肠虫清、新康泰克、芬必得、兰美抒、百多邦、泰胃美等。

三、诺和诺德

诺和诺德（中国）制药有限公司是世界领先的生物制药公司，在用于糖尿病治疗的胰岛素开发和生产方面居世界领先地位，同时在糖尿病治疗领域拥有最为广泛的产品。诺和诺德总部位于丹麦首都哥本哈根。迄今为止，世界上主要胰岛素制剂均出自诺和诺德的实验室，从中效、长效胰岛素、预混胰岛素、高纯胰岛素、人胰岛素，到胰岛素注射笔，直至速效胰岛素类似物，可以说，诺和诺德公司的研发史同时也是人类利用胰岛素治疗糖尿病的历史。诺和诺德的产品极大提高了糖尿病治疗和控制水平，改善了糖尿病人的生活质量。

1996年，诺和诺德公司在天津建成并投产了第一个现代化胰岛素生产厂；2002年5月，公司又在天津经济技术开发区举办了新生产厂奠基仪式，经过紧张的建设施工，2003年6月该新生产厂通过了GMP认证，并于2003年8月正式落成投产。

主要产品：生物合成人胰岛素系列——诺和灵（Novolin）、有效降低餐后高血糖的口服药——诺和龙（NovoNorm）、人胰高血糖素——诺和生、便携式无痛注射器——诺和笔（NovoPen）、胰岛素注射器的新概念产品——诺和英（Innovo）、新一代速效胰岛素类似物——诺和锐（NovoRapid）等。

四、华北制药集团

华北制药集团有限责任公司是我国最大的制药企业之一，位于河北省省会石家庄市。公司的前身华北制药厂是中国"一五"计划期间的重点建设项目，由前苏联援建的156项重点工程中的抗生素厂、淀粉厂和前民主

图 3 - 4　诺和诺德（天津）生产车间

德国引进的药用玻璃厂组成，1953 年 6 月开始筹建，总投资 7588 万元，1958 年 6 月全部投产。华北制药厂的建成，开创了我国大规模生产抗生素的历史，结束了我国青霉素、链霉素依赖进口的历史，缺医少药的局面得到显著改善。

建成五十多年来，华药稳健经营，逐步壮大，经营范围不断拓展，销售额持续增长，业绩保持优良，主要经济指标始终处于国内同行业前列。与投产时相比，主要产品由 5 个增加到目前的包括抗生素原料药（中间体）、维生素及营养保健品、生物农兽药、现代生物技术药物、制剂五大系列700 余个品种；由一家产权结构单一的工厂，发展为拥有四十多家子、分公司的特大型企业集团。

1. 行业地位

华药集团公司以其规模优势、技术优势、质量优势，连续多年跻身全国 500 家最大和最佳经济效益工业企业行列、国家首批 6 家技术创新试点企业之一和国家"863"高新技术研究发展计划成果产业化基地；被"中国工业经济联合会"评为 16 家最具国际竞争力的企业，是其中唯一的一家化学制药企业；在首届"百姓安全用药调查"活动中，被评为"百姓放心药企业"，入选"中国十大诚信企业"、中国化学药品原料药制造业"自主创新能力十强"第一名，华北制药新药中心被国家命名为"微生物药物国家工程研究中心"。华北制药视质量为生命，在国内外市场上具有较高的质量声誉。1986 年在医药行业首家荣获"国家质量管理奖"，2000年通过 ISO9001 质量管理体系认证，2003 年通过 ISO14001 环境质量体系认证。"华北"牌商标在医药行业最早被认定为中国驰名商标，入选《福布斯》中国最有价值五大工业品牌之一，获"全国质量管理卓越企业"称号，并连续多年被评为"全国用户满意企业"，中国 10 强诚信品牌、河北省自主品牌建设"重点培育品牌企业"。

图 3 - 5　河北省领导参观华药

2. 发展战略

未来几年，华北制药将坚持以科学发展观为统领，继续秉承"人类健康至上，质量永远第一"的企业宗旨，按照"统筹整合、力主创新、优化升级、做精做强"的发展战略，努力实施"三步走"，实现"一二三"目标（第一步，到 2011 年销售收入达到 100 亿元；第二步，到 2013 年销售收入达到 200 亿元；第三步，到 2015 年销售收入达到 300 亿元），力争通过三到五年的努力，进入国内制药企业前三强，把华药建设成为"创新领先、集约高效、开放共赢、和谐富裕"的新华药，建设成为紧密型、高效能、可持续的国内领先世界一流的现代制药集团。

模块四　素质强，创业有能力

任务一　认识毕业后的升学、就业道路

生物制药技术专业的学生在毕业时获得本专业的专科学历，毕业后多种选择。

一、为政

1. 考公务员的思考原则1

（1）工作内容是什么？

（2）待遇是多少？

（3）未来提升空间？

（4）我喜欢这样的生活吗？

2. 考公务员的思考原则2

（1）考取公务员需要具备哪些素质或条件？

（2）公务员的考试方式、考试内容是什么？

（3）自己具备哪些条件？缺失哪些条件？

（4）我适合考公务员吗？

公务员：应往届毕业生可以参加国家或地方公务员考试，两者考试性质一样，都属于招录考试，但两者考试单独进行，相互之间不受影响。国家公务员考试一般在当年年底或下一年年年初进行，地方公务员考试一般在3~7月进行，考生根据自己要报考的政府机关部门选择要参加的考试，一旦被录取便成为该职位的工作人员。具体公务员政策可参看国家公务员网的相关政策。

二、治学

考研究生的思考原则

（1）我为什么要考研？

（2）毕业后我要从事什么工作？

（3）考研目标——专业方向、学校、导师是什么？

升学深造：该专业毕业生可以选择进入本科院校进行进一步学习深造，成绩合格后可以获得相应学历学位。也可参加专业硕士研究生教育考试，继续获得本科以及更高层次的教育学习机会，提高学历层次，对应的专业有生物技术、生物工程、生物制药、分子生物学、细胞生物学等专业。学生毕业 5 年后可参加全国统一执业药师资格考试。目前进入本科院校深造的途径主要有三条：自考升本、成考升本和高职升本。除此之外，一些省市对专科毕业生升本有鼓励政策，例如，在天津市，参加技能大赛获得一等奖可以免试升本。

本专业学生毕业后，可参加高一级相应工种的专业培训，取得相应的技能等级资格。

三、从商

从商的两种选择是企业和创业

自主创业：国家鼓励和支持高校毕业生自主创业。对于高校毕业生从事个体经营符合条件的，将给予一定的优惠政策，毕业生可以向所在学校就业中心、学工部咨询。

企业销售：销售是一项报酬率非常高的艰难工作，也是一项报酬率最低的轻松工作。销售，说大不大，说小不小。小可做一针一线，大可做跨国集团。但究其本质，都是相似的。你的行动决定了你的报酬。你可以成为一个高收入的辛勤工作者，也可以成为一个收入最低的轻松工作者。这一切完全取决于你对销售工作是怎么看怎么想怎么做的。销售绝无一般人心中的艰难、低下，更无一般人心中的玄妙。它只是一种人生考验和生存方式，只是它以一种自由的、不稳定的状态存在着。它既可以让你一分钱也赚不到，又可以让你发财兴业。

四、企业就业

直接就业：该专业毕业生可以在生物医药及生物技术领域相关行业（如医药、食品、农业、化工）的企业单位就业，也可以在高等院校、科研院所、医疗等事业单位就业，主要岗位包括生物制药企业生产一线、生物制药实验室辅助研发、质量检验等工作；还可以在管理、销售等岗位从事工作。

五、其他途径

（1）大学生参军入伍：国家鼓励普通高等学校应届毕业生应征入伍服义务兵役，高校毕业生应征入伍服义务兵役，没有专业限制，只要政治、身体、年龄、文化条件符合应征条件就可报名应征。毕业生在服役期间享有一定经济补偿，服役期满后可在入学、就业等方面享有一定优惠政策。每年4月至7月开展预征工作，毕业生可以向所在学校就业中心、学工部、人武部咨询。

（2）选调生：选调生是各省区市党委组织部门有计划地从高等院校选调的品学兼优的应届大学本科及其以上的毕业生的简称，这些毕业生将直接进入地方基层党政部门工作。我国各省份对选调对象的要求条件差别较大，专科毕业生可以根据自己的实际情况，结合选调省份对选调对象的要求，报名参加相应考试。毕业生可以向所在学校就业中心、学工部咨询。

（3）"三支一扶"计划：大学生在毕业后到农村基层从事支农、支教、支医和扶贫工作。该计划通过公开招募、自愿报名、组织选拔、统一派遣的方式进行落实，毕业生在基层工作时间一般为2年，工作期间给予一定的生活补贴。工作期满后，可以自主择业，择业期间享受一定的政策优惠。毕业生可以向所在学校就业中心、学工部咨询。

（4）"大学生志愿服务西部"计划：国家每年招募一定数量的普通高等学校应届毕业生，到西部贫困县的乡镇从事为期1~3年的教育、卫生、农技、扶贫以及青年中心建设和管理等方面的志愿服务工作。该计划按照公开招募、自愿报名、组织选拔、集中派遣的方式进行落实。志愿者服务期间国家给予一定补贴，志愿者服务期满且考核合格的，在升学就业方面享受一定优惠政策。毕业生可以向所在学校就业中心、学工部咨询。

任务二　认识毕业后的职业道路

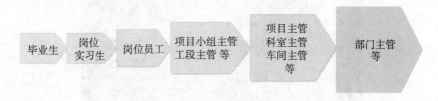

图4-1　毕业生常规的职业道路

该路径是毕业生常规的职业道路，以顶岗实习学生或毕业生身份进入企业，从事某一岗位或轮岗工作，此时是毕业生熟悉工作岗位、工作单位的阶段。待正式毕业后，可以进入企业的试用期，成为实习员工，这一阶段仍是毕业生熟悉工作、企业和毕业生进行双向选择的阶段。试用期结束后，毕业生成为企业的正式员工，从事某一特定岗位的工作，通常从最基层做起，这样不仅可以掌握较全面的知识，可以积累丰厚的经验，对于日后从事技术或管理工作奠定扎实的技术功底，而且，这样的职业路径也符合毕业生的知识结构、技能水平和目前自我提升的准备情况。当锻炼到具有一定工作能力，积累有一定工作经验，创造有一定工作成绩时，可以逐步晋升，逐渐从普通员工成长为企业骨干，再成长为企业"顶梁柱"。

任务三　认识毕业后的职业岗位

生物制药技术专业的学生在完成学业的同时，可以考取酶制剂制造工、菌种培育工、发酵工程制药工、微生物检定工、医药商品购销员等多个工种的中、高级职业资格证书，可以在制药企业、学校、科研院所、医疗机构等企事业单位和行政管理部门从事医药、食品、农业、化工及其他相关行业的生物制药生产、生物药物研发、生物制品生产、质量检验和生物药物实验室研发辅助等工作及医药商品的经营与销售等工作。

图 4-2　实验室研发辅助

　　生物药物实验室研发辅助就业方向的毕业生可以辅助实验室研发人员进行基因工程、发酵工程、细胞培养、生物物质分离纯化、动物实验、免疫学等方面实验，要求具有发酵工程、分子生物学、生物制药技术等相关学科知识，同时熟练掌握实验室常用仪器设备的各项操作技能，动手能力强，具有高度责任心和刻苦钻研的精神，良好的团队协作精神，勤勉的工作态度和务实的工作作风，能承受一定的作压力。

　　该方向就业单位：制药企业研发部、科研院所实验室。

　　该方向课程支持：医药基础、药用微生物技术、医药数理统计、分子生物学基础、生物制药技术基本操作、现代发酵制药技术及实训、药物制剂技术及实训等课程。

图 4 - 3　发酵制药生产

　　生物制药生产就业方向的毕业生较全面地掌握发酵制药典型产品发酵菌种类型的形态、代谢特征、原料的预处理及培养基的制备、灭菌与空气的净化、菌种选育和扩大培养、发酵工艺过程控制和参数检测、产品的分离提取等基本理论，掌握与发酵岗位相关的操作技能，取得相应岗位的职业技能等级证书；毕业后可以在生物制药企业及其他生物技术相关企业中从事按 GMP 要求进行基因工程菌的发酵工艺验证和生产操作；基因工程菌发酵相关设备和控制系统等的维护、管理和验证；对岗位安全生产、产品的生产以及质量负责；参与工艺改革、技术创新以及完成部门安排的其他工作。该方向就业单位：生物制药企业生产部。

　　生物制品生产就业方向的毕业生可以在就学期间考取酶制剂制造工、发酵工程制药工、生化药品制造工等多个工种的中、高级职业资格证书，毕业后可以在生化制药企业及其他生物技术相关企业中从事菌种和细胞培养、发酵生产、产品提取纯化、产品包装等生产工作。要求具有细胞培养、生物工程、发酵工程、生物分离与纯化等相关学科知识，同时熟悉实验室常用仪器的使用，具有高度责任心，良好的团队协作精神，良好的沟通能力，勤勉的工作态度和务实的工作作风。

　　该方向就业单位：生物制品（疫苗）生产部。

图 4 – 4　生物制品生产

该方向主要岗位：发酵工程制药工、生化药品制造工、基因工程产品制药工、疫苗制品工等。

该方向课程支持：医药基础、药用微生物技术、医药数理统计、分子生物学基础、生物制药技术基本操作、现代发酵制药技术及实训、药物制剂技术及实训等课程。

图 4 – 5　生物药物质量检验

生物药物质量检验就业方向的毕业生可以在生化制药企业及其他生物技术相关企业中进行产品质量控制与化验检验工作，如药品中微生物的检验、药品生物热源的检测、洁净车间洁净度的检测等。要求具有生物、药学、化学等相关学科知识，同时熟练掌握实验室常用仪器设备的各项操作技能，动手能力强，具有高度责任心和刻苦钻研的精神，良好的团队协作精神，勤勉的工作态度和务实的工作作风，善于学习和总结，有较强的自学能力。

该方向就业单位：制药企业质检部、负责药品质量检验的相关行政管理单位。

该方向主要岗位：微生物检定工等。

该方向课程支持：医药基础、药用微生物技术、医药数理统计、分子生物学基础、生物制药技术、生物药品检定技术基本操作、现代发酵制药技术及实训、药物制剂技术及实训等课程。、生物药品检定技术、细胞培养技术实训、生物分离与纯化技术及实训、生物检测技术及实训、生物统计技术等课程。

任务四　学习身边的生物技术领域中的能工巧匠

随着生物技术的迅速发展，在我国各种各类企业和科研院所中涌现出一大批生物技术领域中的能工巧匠和杰出人才。我们并不是只能从网络、媒体中看到他们的身影，聆听他们的话语，其实，他们离我们并不远，他们就在我们的身边。通过学习企业中的能工巧匠和科研院所中的杰出人才，我们不仅可以开阔自己的视野，向他们学习先进的理论，更可以领略他们的风采，从他们的身上学习不畏困难，勇攀事业高峰的可贵精神。

人物一：中国柠檬酸发酵第一人——于云岭

柠檬酸是一种重要的有机酸，在食品、医药、化工、纺织等领域具有广泛的应用。在我国，是以薯干粉为原料，利用微生物发酵进行柠檬酸的生产，这种方法工艺先进，原料廉价易得，工艺简单，产率高。这种先进工艺的应用使我国成为世界第一的柠檬酸生产国，也是世界上最大的柠檬酸出口国。在这种先进工艺和辉煌成就的背后，是于云岭等人的默默努力。中国的柠檬酸深层发酵诞生在天津，诞生在于云岭的实验室里。于云岭致力于柠檬酸发酵菌种的选育和柠檬酸分离提取的研究，在他的实验室里，我们总能看到于云岭守在发酵罐旁，进行一次次的发酵实验，这样的每一次实验，都要耗时 4～5 天，而于云岭就废寝忘食、寸步不离地守在发酵罐旁，坚持完成实验。苍天不负有心人，终于在辛勤付出 3 个春秋后，于云岭终于成功了，获得了能以木薯粉为原料且产酸能力良好的黑曲霉菌种，终于使我国柠檬酸发酵能力大幅提升，处于领先水平。然而，于云岭并不满足这样的成绩，此后，他又建立起了中国第一个菌种库，用于保藏、研究珍贵的柠檬酸发酵菌种，与全国的柠檬酸生产企业交流生产工艺和经验，在 20 多年的时间里，全国先后有 40 多家柠檬酸生产企业如雨后春笋般破土而出。使用这种先进的工艺进行柠檬酸生产，不仅创造了近百亿元的经济效益，更加使我国结束了需要进口柠檬酸的历史，并由进口转向出口，成为世界柠檬酸生产和出口第一大国。因此，于云岭也成为了我国柠檬酸发酵第一人。

人物二：生物技术领域杰出人才——张磊

张磊曾担任天津华立达生物工程有限公司副总经理、总工程师。天津华立达生物工程有限公司是我国率先进入基因工程制药产业化领域的制药企业之一，其产品为重组人 $\alpha-2b$ 干扰素，广泛应用在抗病毒、抗肿瘤的治疗中。干扰素虽然是一种药物，但是在 20 世纪八九十年代，干扰素制品却在一直威胁着我国人民的生命健康，这是因为在当时干扰素的生产方法是从人或动物的血液中进行提取，如果血液的供应者患有传染性疾病，那么从这样的血液中提取的干扰素会导致患者在使用后感染疾病。为了从生产方法这一根源上解决问题，我国引进了基因工程制药技术。华利达认真学习吸收引进的先进生产技术，在此基础上，积极对干扰素制品进行深层次研发。张磊主持和参加了"基因工程 $\alpha-2b$ 干扰素水针剂"、"新型干扰素纯化及制剂技术研究"等十多项科研项目，申请及获授权国家和国际发明专利 8 项。在张磊的参与下，华利达成功的研发出世界上第一支预充式干扰素注射液和喷雾式干扰素。这也被列为天津市重大科技规划项目、国家重点新产品和国家火炬计划项目。这些剂型的创新研发，不仅方便了干扰素制品的使用，减少了药物的污染，而且还可以使药物用量更加准确。

凭借这些优势，华利达的干扰素制品在畅销国内的同时，也出口到世界多个国家和地区。除此之外，张磊还主持参与了华立达公司"国家药品 GMP 认证"、国家经贸委"基因工程制药中试生产基地"、国家人事部"博士后科研工作站"和天津市"企业技术中心"的建设，为我国医药事业培养了多位优秀人才。张磊在用自己的实际行动为我国医药事业的发展进步贡献着自己的力量。

人物三：二十年磨一剑，打开 DNA 研究新天地——邓子新院士

2007 年 8 月，在英国纽卡斯尔召开的第十四届国际放线菌生物学大会上，我国邓子新院士作了关于 DNA 大分子上一种新的硫修饰的研究报告。这篇研究报告阐述了在众多细菌的 DNA 上发现第六种新元素——硫及其对 DNA 的修饰。国外同行对于这一新发现，给予了高度评价，德国马普实验医学研究院化学生物学家弗里茨·爱克斯坦表示，"新发现让人瞠目结舌，它打开了一扇全新窗口，将大大激发人们对 DNA 大分子上众多新谜团的激情探索。"早在 20 世纪 50 年代，科学界就已认同，作为遗传物质的 DNA 是由碳、氢、氧、氮和磷 5 种元素构成。然而，在 1987 年，邓子新在做一批细菌 DNA 的电泳实验时细心的发现，即便是在同一块电泳凝胶上，一些细菌的 DNA 发生了降解，而另一些细菌的 DNA 则没有被降解。邓子新没有放过这一细节，进过严谨思考，他大胆推测，认为这一现象是由不同生物自身的遗传特性所引起的。他想寻根追底，搞清楚这种现象的原因，虽然觉得这可能与硫元素有关，但是国际国内都不认可。邓子新并没有因此而放弃，进过艰辛努力，直到 10 年后将有关基因分离出来，分析结果暗示，这些基因编码的蛋白质确实与硫元素有关。此后，邓子新厚积薄发，终于在 2004 年，通过实验证实了细菌 DNA 分子中硫元素的存在。2005 年，他和研究团队在国际知名期刊《分子微生物学》上发表题为《DNA 大分子上一种新的硫修饰》的论文。这是国际上第一次正式公开认可他的研究成果，当年邓子新的这项成果也被评为中国高校十大科技进展。之后，邓子新又连续在国际知名刊物上发表论文，报道 DNA 硫修饰的后续研究进展。由此，他们的研究成果进入国际视野。

人物四：拉斯克奖获得者——屠呦呦

2011年，拉斯克临床医学奖被授予中国科学家屠呦呦。拉斯克奖素有"美国的诺贝尔奖"之美誉，是美国最具声望的生物医学奖项，也是医学界仅次于诺贝尔奖的一项大奖。屠呦呦因为发现青蒿素这种用于治疗疟疾的药物而获得拉斯克临床医学奖，这是至今为止，中国生物医学界获得的世界级最高大奖，离诺贝尔奖只有一步之遥。屠呦呦是中国中医研究院终身研究员兼首席研究员，青蒿素研究开发中心主任，突出贡献是创制新型抗疟药青蒿素和双氢青蒿素。通向成功的道路从来都是布满荆棘的，屠呦呦也正是在经历190多次实验失败后，才最终达到成功的彼岸。在20世纪60年代，疟疾疫情在全球范围内都难以得到有效控制，我国开展了研发抗疟新药的科研项目，屠呦呦正是科研大军中的一员。她查阅医书，编辑药方，进而进行实验，经过筛选，最终在380多个植物提取物中选择了青蒿。然而，令人意想不到的是，在后续的大量实验中发现，青蒿的抗疟效果并不理想。意志坚强的屠呦呦没有灰心，经过认真分析，她认为是在青蒿素的提取过程中，高温破坏了青蒿素的结构，导致抗疟失效。于是，她迎难而进，通过不断尝试，最终改用乙醚制取青蒿提取物，这一步至今仍被认为是当时发现青蒿粗提物有效性的关键所在。在经历了190多次的失败之后，屠呦呦终于从提取到了具有良好抗疟活性的青蒿素，获得对鼠疟、猴疟疟原虫100%的抑制率。为全球控制疟疾疫情，挽救人类生命做出了重大贡献。

任务五　个人职业生涯规划

个人职业生涯规划是指一个人对自己内在的兴趣爱好、能力特长、学习工作经历、职业倾向等因素和外在工作内容、工作性质、时代特点等因素进行综合分析，确定自己的职业奋斗目标，并为实现这一目标而制定合理有效的行动方案。职业生涯规划主要包括四个方面，即我真正想做什么？我适合做什么？我怎样去实现我的目标？我现在需要做什么？

毕业生从业后，要对自己的职业生涯有一个合理规划。要根据对自己兴趣、能力的了解，以及对职业的认识，再辅以职业人员的咨商、辅导，制订一个职业生涯计划，以为将来职业生涯的依归。我们根据自己的职业生涯计划，可以选择适当的教育、训练来习得职业的技能，为顺应技术的变化、岗位的转换工作的升迁做好准备工作。

个人职业生涯的规划包括以下六个步骤：

步骤一：自我分析

全面的自我分析是进行个人职业生涯规划的基础，通过自我分析可以了解自己的兴趣志向、能力特长、智商情商、人格或性格类型等多方面的信息。在进行自我分析时，首先是自己对自己进行内在条件的分析，要对自己有一个真实的了解和分析，例如，我是否愿意与具体事物（或人）打交道，我是否喜欢从事科学技术事业，等等。除此之外，我们还可以了解一下别人眼中的我们是什么样子的，这样可以更真实全面的帮助我们了解自己。其次，我们还要进行外在条件的分析，例如，自己所在地区的经济、教育等水平如何，自己所学专业在该地区的需求量如何，自己在这样的地区环境中的地位如何，等等。

目前，我们可以通过相应的职业测试来了解分析自己。在学校和企业，一些专业的职业测试已被广泛的使用在个人职业生涯规划上。在这些测试中，以霍兰德职业兴趣测试适合于高中生和大学大一、大二年级的学生，这个测验能帮助被试者发现和确定自己的职业兴趣和能力专长，从而科学地做出求职择业或对自己的职业生涯规划及时进行调整。

步骤二：确定志向

俗话说："有志者，事竟成。"远大的志向是我们在职业生涯中的努力方向，确定志向是我们职业生涯的起跑线。所以，在进行职业生涯规划时，要为自己确定明确的志向，例如，我立志成为生物实验领域中的佼佼者。

步骤三：确定目标

在职业生涯规划中，我们要对自己的职业生涯设定一个总体目标和若干个阶段目标，清楚每一个阶段在自己整个职业生涯中所发挥的作用，要为自己在每一个阶段达到目标而制定合理可行的努力方案。

毕业生从事相关专业技术工作一定时间后，符合职称评审条件的，可以获得相应职称。职称反映了专业技术人员的技术水平、工作能力和工作成就，象征着一定的身份，也会带来工作薪酬的提高。从职称角度来说，个人的职业道路和职业发展都伴随着职称的晋升。在一定的工作年限中，积累工作经验，创造工作成绩，获得职称，是走好职业道路和良好职业发展的表现之一。

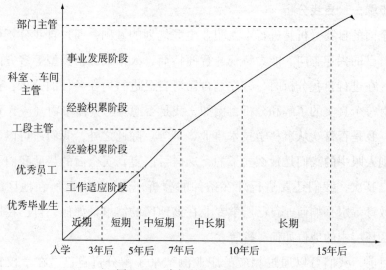

图 4-6　常规的职业迁升路线

表 4-1　生物制药技术专业相关的职业资格系列

各职业资格分类		高、中、初级职业资格名称				
	职业资格专业	高级技师	技师	高级技工	中级技工	初级技工
生物技术制药人员	生化药品制造工 发酵工程制药工 疫苗制品工 血液制品工 基因工程产品工	高级技师	技师	高级技工	中级技工	初级技工
药物制剂人员	药物制剂工 淀粉葡萄糖制造工 其他药物制剂人员	高级技师	技师	高级技工	中级技工	初级技工
中药制药人员	中药炮制与配制工 中药液体制剂工 中药固体制剂工	高级技师	技师	高级技工	中级技工	初级技工

续表

各职业资格分类		高、中、初级职业资格名称				
职业资格专业		高级技师	技师	高级技工	中级技工	初级技工
合成药品制造人员	化学合成制药工 其他合成药物制造人员	高级技师	技师	高级技工	中级技工	初级技工
医药商业服务人员	医药商品购销员 医药商品储运员 药品保管养护工	高级技师	技师	高级技工	中级技工	初级技工

表 4 – 2　生物制药技术专业相关的专业技术职称系列

各系列分类		高、中、初级专业技术资格名称				
系列专业		正高级	副高级	中级	初级助理	初级（员）
工程系列	制药、生物化工（产品制造、质量分析、检验分析）	总工程师	高级工程师	工程师	助理工程师	技术员
科学研究系列	自然科学研究专业	研究员	副研究员	助理研究员	研究实习员	
卫生药品系列	药学专业（医疗及药品经营、质监领域）	主任药(中药)师	副主任药(中药)师	主管药(中药)师或执业药（中药）师	药（中药）师	药（中药）士

步骤四：职业生涯路线的选择

当我们确定好职业目标后，就要为实现这一目标选择一条道路，例如，我是想在实验技术上有所成就还是想在实验室管理上大显身手，不同的道路对我们个人的要求不同。我们要综合分析自己的内在条件、外在条件和职业目标，在此基础上，选择最合适自己的职业路线。

步骤五：制定行动方案

作为在校的大学生，要结合自己现阶段的实际情况来制定行动方案。例如，在第一学期中我要学到哪些技能，我的英语要达到什么程度，每周我会用多少时间来学习英语，在第二学期中，我要锻炼自己的哪些能力，为了锻炼这些能力我可以参加学生会的什么工作或者哪些社团活动，等等。通过在每一个学期或者一个时间段内制定充实的行动方案，并为之努

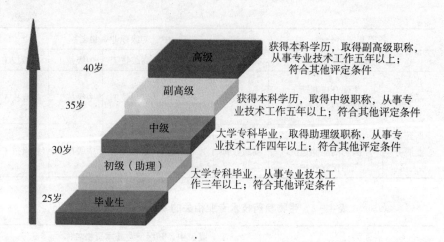

获得本科学历，取得副高级职称，
从事专业技术工作五年以上；
符合其他评定条件

40岁　高级

副高级　获得本科学历，取得中级职称，从事专
业技术工作五年以上；符合其他评定条件

35岁

中级　大学专科毕业，取得助理级职称，从事专
业技术工作四年以上；符合其他评定条件

30岁

初级（助理）　大学专科毕业，从事专业技术工
作三年以上；符合其他评定条件

25岁　毕业生

图 4-7　常规的专业技术职称迁升路线

力去做，那么我们在大学期间的这些在知识、技能、能力上的准备，可以为我们进入职场打下一个良好的基础。

表 4-3　近期自我发展规划（大学生活规划）

时间		大学_____年级第_____学期
职业素养	阶段目标	
	行动方案	
	满意收获	
	不足之处	
	改进方向	
理论学习	阶段目标	
	行动方案	
	满意收获	
	不足之处	
	改进方向	
技能锻炼	阶段目标	
	行动方案	
	满意收获	
	不足之处	
	改进方向	

续表

时间		大学_____年级第_____学期
实习经历	阶段目标	
	行动方案	
	满意收获	
	不足之处	
	改进方向	
学生工作	阶段目标	
	行动方案	
	满意收获	
	不足之处	
	改进方向	

表4-4　短期自我发展规划（初步职业规划）

我的职业目标：_____（毕业_____年实现）

单位/岗位	
岗位工作内容	
岗位任职资格	
岗位工作环境	
岗位发展潜力	
自身具备条件	
自身欠缺条件	
行动方案	

步骤六：评估和反馈

在个人的职业生涯上，由于外界环境的变化和一些不确定因素的影响，我们制定的职业生涯规划总会与实际情况出现一定的偏差。因此，这就需要我们对自己的职业生涯规划有一个评估、反馈、调整的过程，经过这样一个动态的完善过程，我们的职业生涯规划才能更加符合社会需要，顺应环境变化，保证职业生涯规划的有效性。